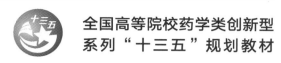

全国高等院校药学类创新型
系列"十三五"规划教材

供药学、药物制剂、临床药学、制药工程、中药学、医药营销及相关专业使用

有机化学实验

主　编　林玉萍　万屏南

副主编　郝红英　虎春艳　刘华　卫星星

编　者　（按姓氏笔画排序）

万屏南　江西中医药大学

卫星星　长治医学院

毛泽伟　云南中医药大学

厉廷有　南京医科大学

任铜彦　川北医学院

刘　华　江西中医药大学

刘晓平　沈阳药科大学

林玉萍　云南中医药大学

虎春艳　云南中医药大学

郝红英　黄河科技学院

胡英婕　锦州医科大学医疗学院

袁泽利　遵义医科大学

蔡　东　锦州医科大学

U0172134

华中科技大学出版社
http://www.hustp.com
中国·武汉

内 容 提 要

本书是全国高等院校药学类创新型系列"十三五"规划教材。全书主要由五个部分组成:第一部分有机化学实验的基础知识与实验技术;第二部分基本操作训练;第三部分有机化合物制备实验;第四部分天然有机化合物提取实验;第五部分有机化合物性质实验及综合性鉴别实验。除此之外,教材最后列有附录,包括常见试剂配制方法,常见有机溶剂的物理常数,常见酸碱溶液的相对密度、含量和浓度,常见有机化合物的危险特性等。

本书根据最新教学改革的要求和理念,按照相关教学大纲的要求编写而成,内容系统、全面,详略得当。本书在很多涉及操作和复杂装置处配有视频、ppt 等数字资源,以便读者能更好地学习实验。

本书可供药学、中药学、临床药学、制药工程、药物制剂、医药营销及相关专业使用。

图书在版编目(CIP)数据

有机化学实验/林玉萍,万屏南主编. —武汉:华中科技大学出版社,2020.1(2023.2 重印)
全国高等院校药学类创新型系列"十三五"规划教材
ISBN 978-7-5680-5835-3

Ⅰ.①有… Ⅱ.①林… ②万… Ⅲ.①有机化学-化学实验-高等学校-教材 Ⅳ.①O62-33

中国版本图书馆 CIP 数据核字(2019)第 300476 号

有机化学实验
Youji Huaxue Shiyan

林玉萍 万屏南 主编

策划编辑:汪婷美
责任编辑:李　佩
封面设计:原色设计
责任校对:曾　婷
责任监印:周治超
出版发行:华中科技大学出版社(中国·武汉)　　电话:(027)81321913
　　　　　武汉市东湖新技术开发区华工科技园　　邮编:430223
录　　排:华中科技大学惠友文印中心
印　　刷:武汉市籍缘印刷厂
开　　本:880mm×1230mm　1/16
印　　张:13.75
字　　数:319 千字
版　　次:2023 年 2 月第 1 版第 3 次印刷
定　　价:39.90 元

全国高等院校药学类创新型系列"十三五"规划教材
编委会

网络增值服务使用说明

欢迎使用华中科技大学出版社医学资源网yixue.hustp.com

1.教师使用流程

（1）登录网址：http://yixue.hustp.com （注册时请选择教师用户）

（2）审核通过后，您可以在网站使用以下功能：

管理学生

建立课程　　　　　　　　　　　布置作业

下载教学　　　　　　　　　　　查询学生学习
资源　　　　　教师　　　　　　记录等

2.学员使用流程

建议学员在PC端完成注册、登录、完善个人信息的操作。

（1）PC端学员操作步骤

①登录网址：http://yixue.hustp.com （注册时请选择普通用户）

②查看课程资源

如有学习码，请在个人中心-学习码验证中先验证，再进行操作。

首页课程 →选择课程→ 课程详情页 → 查看课程资源

（2）手机端扫码操作步骤

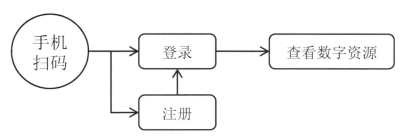

总序

Zongxu

　　教育部《关于加快建设高水平本科教育 全面提高人才培养能力的意见》（"新时代高教 40 条"）文件强调要深化教学改革，坚持以学生发展为中心，通过教学改革促进学习革命，构建线上线下相结合的教学模式，对我国高等药学教育和药学专业人才的培养提出了更高的目标和要求。我国高等药学类专业教育进入了一个新的时期，对教学、产业、技术融合发展的要求越来越高，强调进一步推动人才培养，实现面向世界、面向未来的创新型人才培养。

　　为了更好地适应新形势下人才培养的需求，按照《中国教育现代化 2035》《中医药发展战略规划纲要（2016—2030 年）》以及党的十九大报告等文件精神要求，进一步出版高质量教材，加强教材建设，充分发挥教材在提高人才培养质量中的基础性作用，培养合格的药学专业人才和具有可持续发展能力的高素质技能型复合人才。在充分调研和分析论证的基础上，我们组织了全国 70 余所高等医药院校的近 300 位老师编写了这套全国高等院校药学类创新型系列"十三五"规划教材，并得到了参编院校的大力支持。

　　本套教材充分反映了各院校的教学改革成果和研究成果，教材编写体例和内容均有所创新，在编写过程中重点突出以下特点。

　　（1）服务教学，明确学习目标，标识内容重难点。进一步熟悉教材相关专业培养目标和人才规格，明晰课程教学目标及要求，规避教与学中无法抓住重要知识点的弊端。

　　（2）案例引导，强调理论与实际相结合，增强学生自主学习和深入思考的能力。进一步了解本课程学习领域的典型工作任务，科学设置章节，实现案例引导，增强自主学习和深入思考的能力。

　　（3）强调实用，适应就业、执业药师资格考试以及考研的需求。进一步转变教育观念，在教学内容上追求与时俱进，理论和实践紧密结合。

　　（4）纸数融合，激发兴趣，提高学习效率。建立"互联网＋"思维的教材编写理念，构建信息量丰富、学习手段灵活、学习方式多元的立体化教材，通过纸数融合提高学生个性化学习和课堂的利用率。

　　（5）定位准确，与时俱进。与国际接轨，紧跟药学类专业人才培养，体现当代教育。

（6）版式精美,品质优良。

　　本套教材得到了专家和领导的大力支持与高度关注,适应当下药学专业学生的文化基础和学习特点,并努力提高教材的趣味性、可读性和简约性。我们衷心希望这套教材能在相关课程的教学中发挥积极作用,并得到读者的青睐;我们也相信这套教材在使用过程中,通过教学实践的检验和实际问题的解决,能不断得到改进、完善和提高。

全国高等院校药学类创新型系列"十三五"规划教材
编写委员会

前言

Qianyan

　　本书是全国高等院校药学类创新型系列"十三五"规划教材。本实验教材由全国多所中医药和药学院校从事一线实验教学的有机化学专家或教授总结经验,并根据各个院校的相关专业有机化学实验开设的实际需要进行编写,涵盖了全国高等中医药和药学院校中药学、药学、制药工程及相关专业在教学中较为成熟的实验,结合国家培养创新型人才的要求,在不同实验部分增加了设计性实验的思路和实例,以供读者参考。本书在很多涉及操作和复杂装置处配有视频、ppt等数字资源,以便读者能更好地学习实验。

　　全书内容主要可分为五个部分:第一部分有机化学实验的基础知识与实验技术,包括实验需要注意的事项、实验室安全与规范、实验室常用实验仪器与装置、实验报告的标准格式、实验基本操作的理论及实验技能等;第二部分基本操作训练,包括九个基本实验技术训练实验;第三部分有机化合物制备实验,包括十七个具体的有机合成实验,部分实验提供多种实验方案,可供各院校进行选择;第四部分天然有机化合物提取实验,选取多种不同类型天然有机化合物的提取、分离实验方案;第五部分有机化合物性质实验及综合性鉴别实验,包括有机化合物的元素定性分析实验和不同官能团的性质实验。除此之外,教材最后列有附录,包括常见试剂配制方法,常见有机溶剂的物理常数,常见酸碱溶液的相对密度、含量和浓度,常见有机化合物的危险特性等。

　　由于作者水平有限,书中难免存在不妥和疏漏之处,敬请广大师生批评指正,以便再版时修订提高。

编　者

目录

Mulu

第四部分　天然有机化合物提取实验

第五部分　有机化合物性质实验及综合性鉴别实验

附　录

·第一部分·

有机化学实验的基础知识与实验技术

第一章　有机化学实验的基础知识

一、有机化学实验简介

有机化学是一门以实验为基础的学科,有机化学实验在有机化学教学中具有重要的地位。有机化学实验是培养药学、中药学等相关专业学生实验技能的重要基础课程,重视有机化学实验,对于人才培养发挥着重要的作用。

(一)有机化学实验的目的

(1)通过实验使学生掌握有机化学实验的基本操作和基本技能。

(2)通过实验,使学生学会正确选择有机化合物的制备、分离与鉴定的方法。

(3)通过实验,培养学生正确观察、诚实记录的科学态度和学习习惯,提高分析和解决实验中所遇到问题的能力。

(4)配合理论教学,验证、巩固、拓展相关理论知识。

(二)有机化学实验的分类

有机化学实验主要包括基本操作、有机化合物的制备、天然有机化合物的提取分离、有机化合物的性质实验等。

有机化学实验基本操作部分主要介绍有机化合物的制备、天然有机化合物的提取分离所涉及的基本操作,如蒸馏、减压蒸馏、水蒸气蒸馏、分馏、回流、萃取、升华、重结晶等。

有机化合物的制备实验一般是由反应原料经蒸馏、分馏、回流等基本操作制备粗产物,然后经蒸馏、减压蒸馏、水蒸气蒸馏、萃取、重结晶等基本操作精制产物。

天然有机化合物的提取分离实验一般通过水蒸气蒸馏、回流等基本操作从植物中提取挥发油或中药有效成分,然后利用升华、萃取等基本操作纯化提取物。

有机化合物的性质实验一般是选择一些反应现象变化比较明显的实验来验证各类有机化合物的性质,从而实现有机化合物的综合性鉴别。

(三)有机化学实验室注意事项

为了保证有机化学实验的正常进行,培养学生良好的实验习惯,学生必须遵守有机化学实验室注意事项。

1.实验前的注意事项

(1)进入有机化学实验室之前,必须认真阅读有机化学实验的基础知识,了解进入有机化学实验室后的注意事项及相关规定,了解实验室安全知识及实验事故的预防与处理等知识。

(2)每次实验前应复习有机化学相关章节的理论知识,认真预习实验内容,写好实验预习报告,做到心中有数,防止实验时边做边看,影响实验效果,也要充分考虑防止事故的发生及事故发生后所采取的安全措施。

（3）进入有机化学实验室时，应熟悉实验室及周围环境，熟悉实验室内水、电、煤气、通风设备开关的位置，熟悉灭火器材、急救药箱放置的位置及使用方法。

（4）仔细清点实验仪器和药品是否齐全。

（5）学生进入实验室应穿过膝的实验服，不能穿拖鞋、凉鞋、底部带铁钉的鞋进入实验室。

2. 实验中的注意事项

（1）实验过程中应保持安静和遵守纪律，不得大声喧哗，不得擅自离开实验室，不得做与实验无关的事情。

（2）实验过程中应集中精神，规范操作，仔细观察，完整、准确、诚实地记录实验过程、实验现象与实验结果，并妥善保存好实验记录。不得用散页纸记录，以免散失。

（3）遵从教师指导，严格按照实验教材所规定的实验步骤、试剂规格和用量进行实验。学生若有新的见解或建议，需要改变实验步骤、试剂规格或用量，必须征得指导老师同意后才可以改变。如果实验失败，分析原因并征得指导老师同意后才可以重做。

（4）实验过程中实验台面和地面应经常保持整洁，暂时不用的实验器材不要放在实验台面上，以免碰到损坏。取用药品后要立即恢复原状并放回原处。固体废物应丢入垃圾桶，严禁丢入水槽，以免堵塞下水道；易燃液体除外的废液应倒入废液缸，严禁倒入下水道，以免损坏下水道。

3. 实验后的注意事项

（1）公共实验器材用完后必须整理好放回原处，如有破损，需要登记补领。

（2）实验结束后应将自己所在实验台的仪器清洗干净放入仪器柜的规定位置，擦净实验台、试剂架和水槽等，关闭水、电、煤气开关。

（3）值日生负责整理公共实验器材，打扫实验室卫生，倒净垃圾和废液，检查水、电、煤气开关，关好门、窗，征得指导老师同意后才可以离开实验室。

（4）实验结束后应按实验记录和数据独立完成实验报告，不得拼凑或抄袭他人的数据。书写实验报告要求字迹端正、绘图规范、条理清楚、结论明确、分析讨论合理，并按时交给指导老师批阅。

二、有机化学实验室安全与规范

有机化学实验室所用的试剂多数易燃、易爆、具有腐蚀性和毒性等，所用的仪器大部分是玻璃制品，一旦使用不当，就有可能发生着火、爆炸、割伤、灼伤、中毒等事故。所以进行有机化学实验时，必须重视安全问题，实验时严格遵守实验室安全守则，加强安全措施，避免事故的发生。

（一）实验室的安全守则与实验室事故的预防

1. 实验室的安全守则

（1）进入实验室首先应熟悉安全用具，如灭火器、沙箱及急救药箱放置的位置及使用方法，并妥善保管，不得移作他用或改变放置的位置。

（2）实验开始前应检查仪器是否完整无损，装置是否正确、稳妥，征得指导老师同意后才可以进行实验。

（3）实验进行时应密切注意反应进行的情况、装置有无漏气、仪器有无破裂等现象。

NOTE

3

（4）进行有可能发生危险的实验时，应根据实际情况采取适当的安全措施，如戴防护镜、面罩或橡胶手套等。

（5）实验使用的药品不得随意抛洒、遗弃，也不得带出实验室。实验产生的有刺激性或有毒气体应按规定处理，以免污染环境，影响健康。

（6）实验过程中尽量采用无毒或低毒性物质代替剧毒物质，若必须使用有毒物品时，应充分了解其性质，熟悉注意事项，限量发放使用，并妥善处理剩余毒物与残毒物品。

（7）使用易燃、易爆物质时，应熟悉其特性及相关知识，严格遵守操作规程。易燃易爆溶剂应保持最低用量，确需备用的应在安全条件下储存。

（8）使用腐蚀性物品时要特别小心，严格遵守操作规程，在通风橱内进行。使用完毕后应立即盖好容器，谨防腐蚀性物品溅出灼伤皮肤、衣物及损坏仪器等。

（9）将玻璃管（棒）或温度计插入塞中时，应先检查塞孔大小是否合适，玻璃是否平光，并用布裹住或涂些甘油等润滑剂后旋转而入。握玻璃管（棒）或温度计的手应靠近塞子，防止因玻璃管（棒）或温度计折断而被割伤。

（10）实验结束后要及时洗净双手，严禁在实验室吸烟、饮食。

（11）养成良好的用电习惯，保证人走电断。

2. 实验室事故的预防

（1）火灾的预防。

实验室使用的有机溶剂大多易燃，着火是有机化学实验室常见的事故，因此必须注意以下几点防火的基本原则。

①实验室进行易燃物质的实验时，应先将乙醇等易燃物质移开。

②盛易燃有机溶剂的容器不得靠近火源，量较多的易燃有机溶剂应存放在危险药品橱内。

③易燃有机溶剂，特别是低沸点易燃有机溶剂（如乙醚），在室温时具有较大的蒸气压。空气中混杂易燃有机溶剂的蒸气达到某一极限时，遇有明火即发生燃烧爆炸，常用易燃有机溶剂蒸气爆炸极限见表1-1-1。另外，有机溶剂的蒸气均较空气的密度大，会沿着桌面或地面飘移至较远处，或沉积在低洼处。所以倾倒易燃有机溶剂时应远离火源，最好在通风橱中进行；切勿将易燃有机溶剂倒入废物缸中，更不能用敞开容器盛放易燃有机溶剂或加热；加热易燃有机溶剂不能用明火，必须用水浴、油浴或可调电压的电热套加热。

表 1-1-1　常用易燃有机溶剂蒸气爆炸极限

名称	沸点/℃	闪点/℃	空气中的含量（体积分数）/（%）
甲醇	64.96	11	6.72～36.50
乙醇	78.50	12	3.28～18.95
乙醚	34.51	−45	1.85～36.50
丙酮	56.20	−17.5	2.55～12.80
苯	80.10	−11	1.41～7.10

④使用易燃、易爆气体（如氢气、乙炔）时，应保持室内空气畅通，严禁明火，并防止

一切火花的发生,如由于敲击、鞋钉摩擦或电器开关等所产生的火花。易燃气体爆炸极限见表 1-1-2。

表 1-1-2 易燃气体爆炸极限

气体	空气中的含量(体积分数)/(%)
氢气(H$_2$)	4~74
一氧化碳(CO)	12.5~74.2
氨(NH$_3$)	15~27
甲烷(CH$_4$)	4.5~13.1
乙炔(C$_2$H$_2$)	2.5~80

⑤蒸馏易燃有机物(特别是低沸点易燃有机物)时不能有明火,整套装置切勿漏气,如发现漏气应立即停止加热,检查漏气原因。如果是塞子被腐蚀而漏气,则待冷却后更换塞子;如果漏气不严重可用石膏密封,切勿用蜡密封,因为蜡易受热熔融,不仅起不到密封的作用,还会溶解于有机物中再次引起火灾。接收瓶支管应与橡皮管相连,使余气通往水槽或室外。

⑥蒸馏或回流液体时应加数粒沸石,以防溶液因过热暴沸而冲出。若在加热后才发现未加沸石,则应停止加热,待稍冷后再补加沸石,不能往过热溶液中加入沸石,否则会导致液体迅速沸腾而冲出瓶外引起火灾。不能用火焰直接加热,加热速度宜慢不宜快,避免局部过热。瓶内液体量不超过瓶容积的 2/3。冷凝水要保持畅通,若冷凝管忘记通水,大量蒸气来不及冷凝而逸出也易造成火灾。

⑦用油浴加热蒸馏或回流时,必须注意避免因冷凝水溅入热油浴使油外溅到热源上而引起火灾的危险。发生危险的原因主要是橡皮管套入冷凝管侧管不紧密,开动水阀过快,水流过猛将橡皮管冲出,或者橡皮管没套紧而漏水。因此橡皮管套入冷凝管侧管时要很紧密,开动水阀时要慢,使水流慢慢通入冷凝管。

⑧煤气开关应经常检查,并保持完好。煤气灯及其橡皮管在使用时亦应仔细检查,发现漏气应立即熄灭火源,打开窗户。若不能自行解决,应急告有关单位马上抢修。

⑨实验室使用的压缩气体钢瓶应保持最少的量,放置在远离高温的牢固位置,以免碰倒。使用压缩气体钢瓶时,必须安装合适的安全阀、压力调节器,并注意瓶内气体不能用完,必须留有剩余。

⑩不得将燃着或带火星的火柴梗、纸条等乱抛乱扔,也不得丢入废物缸中,否则会发生危险。

(2) 爆炸的预防。

有机化学实验室一般预防爆炸的措施如下所示。

①常压蒸馏时,蒸馏装置必须安装正确,装置应与大气相通,切勿造成密闭体系,否则加热后反应产生的气体或有机物蒸气在密闭体系内膨胀,使压力增大而引起爆炸。减压蒸馏时,要用圆底烧瓶或抽滤瓶作为接收瓶,不可用锥形瓶,否则可能会炸裂。加压操作时(如高压釜、封管等)应经常注意釜内压力有无超过安全负荷,选用封管的玻璃管厚度是否适当、管壁是否均匀,并要有一定的防护措施。

②切勿使易燃、易爆气体接近火源,有机溶剂如乙醚、汽油等的蒸气与空气混合时

极为危险,可能会因一个火花或电花而引起爆炸。

③有些有机化合物如醚,久置后会生成易爆炸的过氧化合物,使用时须检查是否有过氧化物存在,如有过氧化物存在应立即用硫酸亚铁除去才能使用。

④有些化合物具有爆炸性,如金属炔化物、叠氮化物、干燥的重氮盐、硝酸酯、多硝基化合物等,使用时须严格遵守操作规程。对于这些危险物的残渣,必须小心销毁。如金属炔化物可用浓盐酸或浓硝酸使它分解,重氮化合物可用水煮沸使其分解等。

⑤有些有机化合物遇氧化剂时会发生猛烈爆炸或燃烧,操作时应特别小心。存放药品时,应将氯酸钾、过氧化物、浓硝酸等强氧化剂与有机药品分开存放。

⑥金属钠、氢化铝锂使用时切勿遇水,否则会发生燃烧甚至爆炸。卤代烷切勿与金属钠接触,因反应太剧烈往往会发生爆炸。

⑦开启储存挥发性液体的瓶塞和安瓿时,必须先充分冷却后再开启(开启安瓿时需用布包裹),开启时瓶口指向无人处,以免由于液体喷溅而致伤。如遇瓶塞不易开启,必须注意瓶内液体的性质,切不可贸然用水加热或乱敲瓶塞等。

(3)中毒的预防。

①有毒药品应妥善保管,不许乱放。实验中所用的剧毒物质应有专人负责收发,并向使用者提出必须遵守的操作规程。实验后的有毒残渣必须妥善处理,不准乱丢。

②有些有毒物质会渗入皮肤,所以接触这些物质时必须戴橡胶手套,操作后立即洗手。切勿让有毒物质沾染五官或伤口,如氰化钠沾染伤口后会随血液循环至全身,严重者会导致中毒死亡。

③反应可能会生成有毒或有腐蚀性气体的实验应在通风橱中进行,使用后的仪器应及时清洗。使用通风橱时,实验开始后不要将头伸入橱内。

(4)触电的预防。

使用电器时,应防止人体与电器导电部分直接接触,不能用湿手或握有湿物的手接触电插头。为了防止触电,装置和设备的金属外壳等都应连接地线。实验结束后应切断电源,再将连接电源的插头拔下。

(二)实验室事故的应急处理

实验时如遇事故,应立即采取适当措施,并报告老师。

1.火灾的处理

实验室一旦发生火灾事故,应保持沉着镇静,不必惊慌失措,针对着火情况采取相应措施,以减少事故损失。一方面要防止火势扩张,立即熄灭附近所有火源,关闭煤气,切断电源,并移开附近的易燃物质;另一方面要立即灭火,有机化学实验室灭火常采用使燃着的物质隔绝空气的办法,根据具体情况采用适当灭火措施。

(1)有机物着火。

少量有机物(数毫升)着火可任其烧完,小容器(如烧杯、烧瓶、锥形瓶等)内有机物着火可用石棉网或湿布盖熄,实验台或地面有机物着火可用湿布或沙盖熄,火势较大时采用灭火器灭火。切勿用口吹,更不能用水浇,否则会使火焰蔓延,引起更大的火灾。

(2)油类着火。

油类着火时用沙或灭火器灭火,也可以撒上干燥的固体碳酸氢钠粉末灭火。绝对不能用水浇,否则会使火焰蔓延。

（3）衣服着火。

衣服着火切勿奔跑,轻者立即脱下着火的衣服用水淋熄,重者立即在地上打滚(以免火焰烧向头部),其他人员用防火毯紧紧将着火者包裹住,使之隔绝空气而灭火。烧伤严重者应立即送医疗单位。

（4）电器着火。

先切断电源,再用二氧化碳灭火器灭火。切勿用水和泡沫灭火器灭火,因为水能导电,会使人触电甚至死亡。

无论使用何种灭火器,皆应从火的四周开始向中心扑灭,并对准火焰的根部灭火。

2．割伤

取出伤口处的玻璃或固体物,用蒸馏水洗净,小伤口涂上碘酒,贴上创可贴;大伤口则应在伤口上方用纱布扎紧,或按紧动脉血管以防止大量出血,并立即送医疗单位。

3．烫伤

轻伤者涂烫伤药膏,重伤者涂烫伤药膏后立即送医疗单位。

4．试剂灼伤

（1）酸灼伤。

立即用大量水冲洗,然后用 $3\% \sim 5\%$ 碳酸氢钠溶液清洗,再用水清洗。若溅入眼内,先用大量水冲洗,然后用 1% 碳酸氢钠溶液冲洗,再水洗,最后滴入少许蓖麻油,严重者送医疗单位。

（2）碱灼伤。

立即用大量水冲洗,然后用 2% 乙酸溶液洗,再用水洗。若溅入眼内,先用大量水冲洗,然后用 1% 硼酸溶液冲洗,再用水洗,最后滴入少许蓖麻油,严重者送医疗单位。

（3）溴灼伤。

立即用大量水冲洗,然后用酒精擦至无溴液存在为止,最后涂上甘油或烫伤油膏。若眼睛受到溴蒸气的刺激,暂时不能睁开时,可对着盛有酒精的瓶口注视片刻。若溅入眼内,先用大量水冲洗,然后用 1% 碳酸氢钠溶液冲洗,再用水洗,严重者送医疗单位。

（4）钠灼伤。

可见的小块金属钠用镊子移去,其余与碱灼伤处理相同。

5．中毒

溅入口中尚未咽下的毒物应立即吐出来,用大量水冲洗口腔。如已吞下,应根据毒物的性质服用不同的解毒剂,并立即送医疗单位。

（1）腐蚀性毒物。

对于强酸,先饮大量的水,然后服用氢氧化铝膏、鸡蛋白;对于强碱,也先饮大量的水,然后服用醋酸果汁、鸡蛋清。不论酸或碱中毒,均需灌注牛奶,不要服用呕吐剂。

（2）刺激性及神经性毒物。

先服用牛奶或鸡蛋白使之缓和,再服用硫酸镁溶液(约 30 g 溶于一杯水中)催吐,有时也可用手指伸入喉部催吐,并立即送医疗单位。

（3）吸入气体中毒。

将中毒者移至室外,解开衣领及纽扣。吸入硫化氢、一氧化碳气体感觉不适,应立即到室外呼吸新鲜空气。吸入氯、氯化氢气体时,可吸入少量酒精与乙醚的混合物使

7

之解毒。吸入少量氯气或溴气时,可用碳酸氢钠溶液漱口。氯气或溴气中毒不可以进行人工呼吸,一氧化碳中毒不可以服用兴奋剂。

(三) 实验室安全器材简介

1. 消防器材

实验室配备的消防器材主要有沙箱、石棉布、防火毯、二氧化碳灭火器、泡沫灭火器等。

二氧化碳灭火器是有机实验室中最常用的一种灭火器,它的钢筒内装有压缩的液态二氧化碳,使用时打开开关,二氧化碳气体即会喷出,用以扑灭有机物及电器设备的着火。使用时应注意一手提灭火器,一手握在喷二氧化碳喇叭筒的把手上。因喷出的二氧化碳压力骤然降低,温度也骤降,手若握在喇叭筒上易被冻伤。

泡沫灭火器的内部分别装有含发泡剂的碳酸氢钠溶液和硫酸铝溶液,使用时将筒身颠倒,两种溶液立即反应生成硫酸氢钠、氢氧化铝及大量二氧化碳。灭火器筒内压力突然增大,大量二氧化碳泡沫喷出。非大火通常不用泡沫灭火器,因使用过后处理比较麻烦。

2. 急救药箱

为了及时对实验室的意外事故进行处理,实验室应备有急救箱,常备急救物品有纱布、绷带、消毒棉、橡皮管、创可贴、医用镊子、剪刀;甘油、酒精、碘酒、龙胆紫、消炎粉、烫伤药膏、药用蓖麻油;1%和3%~5%碳酸氢钠溶液、2%乙酸溶液、1%硼酸溶液等。

三、实验室常用的仪器

(一) 常用玻璃仪器简介

玻璃仪器通常由软质或硬质的玻璃制成。软质玻璃耐热、耐腐蚀性较差,由软质玻璃制作的玻璃仪器均不耐热,如量筒、普通漏斗、抽滤瓶。硬质玻璃耐热、耐腐蚀性较好,由硬质玻璃制作的玻璃仪器可在温度变化较大的情况下使用,如烧杯、冷凝器等。

玻璃仪器有普通玻璃仪器和标准磨口玻璃仪器两种。有机化学实验室常用普通玻璃仪器主要有烧杯、锥形瓶、抽滤瓶、普通漏斗等(图1-1-1)。

量筒　烧杯　锥形瓶　抽滤瓶　布氏漏斗　玻璃漏斗　球形分液漏斗　梨形分液漏斗　滴液漏斗

图1-1-1　常用普通玻璃仪器

有机化学实验室常用标准磨口玻璃仪器见图1-1-2。标准磨口玻璃仪器均按国际通用标准制作,常用的标准磨口最大端直径(mm)有10、14、19、24、29、34、40、50等。其中10号为微量磨口仪器,14号为半微量磨口仪器,19号及以上为常量磨口仪器。有的标准磨口玻璃仪器标有两个数字,如14/30,14表示磨口大端的直径为14 mm,30

表示磨口的长度为 30 mm。磨口编号相同的可以紧密相连,不同的可以通过大小(或小大)接头相连接,如 19/24 接头可将 24 号磨口与 19 号磨口连接起来。使用标准磨口玻璃仪器既可以免去配塞子钻孔等麻烦手续,又能避免反应物或产物被橡胶塞所沾污,而且口塞磨砂性能良好,使密合性可达较高真空度,对蒸馏尤其是减压蒸馏有利,对于毒物或挥发性液体的实验较为安全。

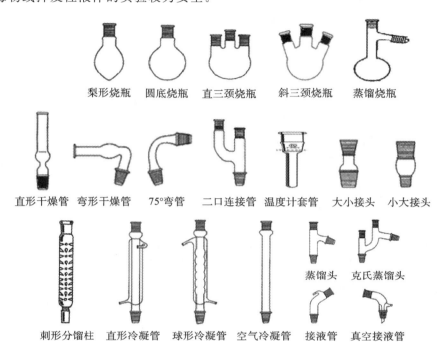

梨形烧瓶　圆底烧瓶　直三颈烧瓶　斜三颈烧瓶　蒸馏烧瓶

直形干燥管　弯形干燥管　75°弯管　二口连接管　温度计套管　大小接头　小大接头

蒸馏头　克氏蒸馏头

刺形分馏柱　直形冷凝管　球形冷凝管　空气冷凝管　接液管　真空接液管

图 1-1-2　常用标准磨口玻璃仪器

使用玻璃仪器时应轻拿轻放,除试管等少数玻璃仪器外都不能直接用火加热。厚壁玻璃仪器(如抽滤瓶)不耐热,不能用于加热;平底烧瓶、锥形瓶不耐压,不能用于减压系统;广口容器(如烧杯)不能存放有机溶剂。带活塞的玻璃仪器(如分液漏斗、滴液漏斗)用后洗净,在活塞与磨口间垫上纸片,以防黏住。如已黏住可对着磨口外部用电吹风吹热风,当外部玻璃受热膨胀而内部玻璃还未热时,试一试能否将塞子打开;或用水煮后轻敲塞子,使之松开。

使用标准磨口玻璃仪器时须注意:①磨口处必须洁净,使用前宜用软布擦拭干净,但不能附上棉絮。如黏有固体杂物,会使磨口对接不严密而导致漏气,硬质杂物甚至会损坏磨口。②用后应立即拆卸洗净,若长期放置,磨口的连接处常会黏住,难以拆开。③一般使用时磨口处不需要涂润滑剂,以免沾污反应物或产物。若反应中有强碱,则应涂润滑剂(如凡士林),以免磨口连接处因碱腐蚀黏牢而无法拆开。减压蒸馏时可涂真空脂。④安装标准磨口玻璃仪器装置时,应注意安装正确、整齐,使磨口连接处不受歪斜的应力,以免应力集中损坏仪器,尤其在加热时应力更大。

(二)玻璃仪器的清洗、干燥及保养

1. 玻璃仪器的清洗

进行有机化学实验时,为了得到满意的实验结果,必须使用清洁的玻璃仪器,避免杂质混入反应物中,因为少量的杂质可能阻止反应或催化不必要的副反应。

 NOTE

有机化学实验中,简单常用的清洗玻璃仪器的方法是用大小和形状适宜的毛刷淋湿后蘸取去污粉刷洗玻璃仪器的内外壁,直至玻璃表面的污物除去为止,再用自来水冲洗干净即可。清洗时应避免用去污粉刷洗磨口,否则会导致磨口连接不紧密,甚至会损坏磨口。洗净的玻璃仪器应不挂水珠,即将玻璃仪器倒置,仪器内壁能均匀地被水润湿而不沾附水珠,说明仪器洗涤干净,可供一般有机化学实验使用。有些实验需要更洁净的仪器时,可用洗涤剂洗涤。若用于精制产品或供有机分析用的仪器,还需用蒸馏水摇洗,以除去自来水洗时带入的杂质。

污物难以刷洗干净时,应根据污物的性质选用适当的洗液进行洗涤。如果是酸性(或碱性)的污物用碱性(或酸性)洗液洗涤,有机污物用碱液或有机溶剂洗涤。如铬酸洗液具有强氧化性和强酸性,能有效地清除还原性污物和易溶于酸的污物,对有机污物破坏力极强;浓盐酸可以洗去附着在玻璃仪器壁上的二氧化锰及碳酸盐等污物;碱液、合成洗涤剂可以洗涤油脂和一些有机物(如有机酸);胶状或焦油状的有机物污物可选用丙酮、苯、乙醚等有机溶剂浸泡(加盖以免溶剂挥发),或用氢氧化钠的乙醇溶液浸泡。洗涤时先用水刷洗玻璃仪器,倾倒出其中的水后慢慢倒入洗液,转动仪器,使洗液充分浸润不干净的玻璃仪器壁,数分钟后将洗液倒回洗液瓶,然后用自来水冲洗。

使用洗液时应注意:①使用洗液前,应先用水刷洗玻璃仪器,尽量除去其中污物。②应尽量倾倒出玻璃仪器中残留的水,以免稀释洗液,影响洗涤效果。③洗液具有很强的腐蚀性,易灼伤皮肤和腐蚀衣物,使用时应注意安全。如不慎溅洒,必须立即用水冲洗。④铬酸洗液变成绿色[$K_2Cr_2O_7$被还原为$Cr_2(SO_4)_3$的颜色]后,不再具有氧化性和去污能力,勿再使用。

实验用过的玻璃仪器必须立即清洗,此时对于污物的性质是清楚的,采用适当的方法进行洗涤是容易办到的,时间久了会增加洗涤的难度。附有大量难洗残余物的玻璃仪器还可以用超声波清洗机进行洗涤。

2. 玻璃仪器的干燥

有机化学实验经常需要使用干燥的玻璃仪器,干燥仪器的方法有以下几种。

(1) 晾干。

将洗净的仪器倒置于干净的仪器柜中或实验台沥水架上自然晾干,这是常用且简单的仪器干燥方法。但必须注意的是,如果仪器未洗干净,水珠便不易流下,干燥会较缓慢。

(2) 吹干。

急用的仪器可用吹风机吹干。先将水尽量沥干,然后加入少量易挥发的水溶性有机溶剂如乙醇、丙酮等淋洗,倾倒出溶剂后用吹风机吹干。吹时先通入冷风吹,待大部分溶剂挥发后吹入热风使之干燥(有机溶剂蒸气大多易燃、易爆,不宜直接吹热风),再吹入冷风使仪器逐渐冷却。

(3) 烘干。

将洗净的玻璃仪器放入烘箱内烘干(烘箱内温度保持在105 ℃左右)。玻璃仪器放入烘箱前应尽量将水沥干,并在烘箱的最下层放一搪瓷盘,接收仪器上滴下的水珠,以免直接滴在电炉丝上损坏炉丝。将玻璃仪器口向上,自上而下依次放入,以免上层仪器残留的水滴流下使下层已烘热的玻璃仪器炸裂。带有磨口玻璃塞的仪器,必须取出活塞和玻璃塞再烘干。取出烘干的仪器时应用干布衬手,防止烫伤,或待烘箱内温度降至室温时再取出。切勿让很热的玻璃仪器沾到冷水或将其放置在水泥、瓷砖等面上,以防炸裂。也可以将玻璃仪器放在气流烘干器上烘干(温度控制在 $60 \sim 70$ ℃为宜)。

橡皮筋、橡胶塞、乳胶管等不能进烘箱;用乙醇、丙酮淋洗过的玻璃仪器不能进烘箱,以免发生爆炸。计量玻璃仪器应自然晾干,不能在烘箱中烘干;具有挥发性、易燃性、腐蚀性的物质也不能进烘箱。

3. 玻璃仪器的保养

有机化学实验的各种玻璃仪器的性能是不同的,掌握它们的性能、保养、洗涤方法,才能正确使用,提高实验效果,避免不必要的损失。下面介绍几种常用玻璃仪器的保养方法。

(1)温度计。

温度计水银球部位的玻璃很薄,容易打破,使用时要特别小心,不能将温度计当作搅拌棒使用,不能测定超过温度计最高刻度的温度,也不能将温度计长时间放置在高温溶剂中,否则会使水银球变形,读数不准。

测量正在加热液体的温度时,应把它固定在某一位置,使水银球完全浸没在液体中,注意不要使水银球贴在容器的底部或器壁。温度计用后要让它慢慢冷却,特别在测量高温后,不可立即用冷水冲洗,否则会破裂或使水银柱断裂。应将温度计悬挂在铁座架上,待冷却至室温后再洗净抹干,放回温度计盒内,盒底要垫上一小块棉花。如果是纸盒,放回温度计时要检查盒底是否完好。

水银温度计打碎后,应立即将散落在地上、台面上的水银收集起来,并用硫黄粉覆盖在少量无法收起的水银上,然后集中处理,切勿将水银冲入下水道或随便丢弃。

(2)蒸馏烧瓶。

蒸馏烧瓶的支管容易碰断,无论在使用或是放置时都要特别注意保护蒸馏烧瓶的支管,且支管的熔接处不能直接加热。

(3)冷凝管。

冷凝管通水后较重,所以安装冷凝管时应将夹子夹在冷凝管的重心处,以免翻倒。洗刷冷凝管时要用长毛刷,用洗涤液或有机溶液洗涤时,用橡胶塞塞住一端。不用时应将其直立放置,使之易干。

(4)分液漏斗。

分液漏斗的玻璃塞和活塞都是磨砂口的,若非原配的可能就不严密,各分液漏斗间也不能调换,所以,使用时应用细绳或橡皮筋将其与分液漏斗相连,以免相互调换或丢失。用后须在玻璃塞和活塞的磨砂口垫上纸片,以免日久难以打开。

四、有机化学实验基本操作技能

(一)加热

1. 热源

某些有机化学反应在室温下难以进行或进行得很慢,为了加速反应的进行,往往需要加热。实验室常用的热源有酒精、煤气、电能,常用酒精灯、酒精喷灯、煤气灯、电炉、电热套、电热恒温水浴锅等进行加热。

（1）酒精灯。

酒精灯加热温度一般在 400～500 ℃，适用于温度不需太高的实验。点燃酒精灯时要用火柴，不能用燃着的酒精灯点燃，否则易引起火灾。熄灭灯焰时用灯罩将火焰盖灭，不能用嘴去吹灭。盖灭片刻后，应将灯罩打开一次，再重新盖上，以免冷却后盖内成负压而打不开灯罩。

（2）酒精喷灯。

酒精喷灯主要用于玻璃管加工实验，其火焰温度可达 1000 ℃ 左右。常用酒精喷灯有座式和挂式两种，其构造如图 1-1-3 所示。座式酒精喷灯的酒精储存在灯座内，挂式酒精喷灯的酒精储罐悬挂于高处，可以随时添加酒精。使用时先在预热盆中倒满酒精，然后点燃预热盆内酒精以加热灯管。待预热盆内酒精接近燃完时，开启灯管上的开关，来自储罐的酒精在灯管内受热汽化，与来自气孔的空气混合，这时点燃管口气体即产生高温火焰。调节开关控制火焰大小。用毕，挂式喷灯旋紧开关，同时关闭酒精储罐下的活塞就能使灯焰熄灭；座式酒精喷灯可以用湿布或者石棉网覆盖喷口，同时用湿布冷却灯座，调大进气量可以熄灭。

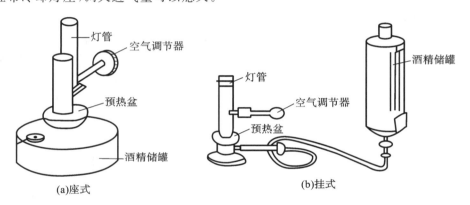

（a）座式　　　　　　　　　　　　　　　　（b）挂式

图 1-1-3　酒精喷灯的构造

在点燃酒精喷灯前灯管必须充分灼烧，否则酒精在灯管内难以全部汽化，会导致液态酒精从管口喷出，形成"火雨"，这是很危险的。不用时必须倒出酒精储罐内的酒精，以免酒精泄漏造成危险。不得将酒精储罐内的酒精耗尽，当剩余 50 mL 左右时，应停止使用。如继续使用，应添加酒精。

（3）煤气灯。

图 1-1-4　火焰结构

实验室使用的煤气灯式样较多，但构造原理基本相同，主要由灯管和灯座两部分组成。灯管的下端有空气入口，灯座的侧面有煤气入口，通过调节开启程度可以控制空气和煤气的进气量，达到控制火焰的目的。

煤气灯开启时，应先关闭空气入口，将燃着的火柴移近灯口时再打开煤气开关即可点燃。然后调节空气的进气量至出现蓝色火焰，并能明显看出内外焰的区别为止。用毕，关闭煤气开关即可熄灭煤气灯。

酒精灯、酒精喷灯、煤气灯的火焰可分为外焰、内焰和焰心，也可以分为氧化焰、还原焰和焰心（图 1-1-4），火焰温度最高处在氧化焰与还原焰之间。

（4）电炉。

电炉将炉内的电能转化为热量进行加热,使用时应配有调压变压器以调节加热温度,具有升温快、温度高、更加环保等优点。

（5）电热套。

电热套是由无碱玻璃纤维和金属加热丝编制的半球形加热内套和控制电路组成的,有的带有控温装置,有的带有调压变压器控制温度。电热套的容积与烧瓶的容积相匹配,有 50 mL、100 mL、150 mL、200 mL、250 mL、500 mL 等规格,加热时烧瓶处于热气流包围中,热效率高、受热均匀,是一种较好的空气浴。使用电热套时,烧瓶外壁与电热套内壁保持 1 cm 左右的距离,以便利用热空气传热和防止局部过热。

电热套没有明火,不易引起火灾,使用安全。但使用时应注意不要将药品洒在电热套内,否则电热丝腐蚀容易断开,同时加热时药品挥发污染环境。用毕,将电热套放置在干燥处,以免内部吸潮降低绝缘性能。

（6）电热恒温水浴锅。

电热恒温水浴锅一般为水槽式结构,内胆采用优质不锈钢材料,外壳由薄钢板制成或采用优质冷轧板喷塑而成,内胆与外壳夹层以玻璃棉绝热。内胆底部设有电热管,电热管是铜质管,管内装有电炉丝并用绝缘材料包裹,有导线连接温度控制器。电热恒温水浴锅表面有电源开关、调温键和指示灯,左下侧有放水阀门,上盖配有几个带套盖的孔洞,用于放置被加热的玻璃仪器。

电热恒温水浴锅可以自动控制温度,保持水温恒定。由于没有明火,可用于易燃液体回流、蒸馏时加热。使用电热恒温水浴锅时,水槽内不能缺水,否则容易烧坏;自动控制盒内不要溅水或受潮,以免漏电或损坏;水浴锅内要保持清洁,定期洗刷换水;若长时间不用,要放掉水浴锅内的水并擦干,以防生锈。

2. 加热

加热的方式有直接加热和间接加热,有机化学实验室一般不用直接加热,而是使用热浴间接加热,作为传热的介质有空气、水、有机液体、沙、熔融的盐和金属等。

电炉、酒精灯、煤气灯一般不能直接加热玻璃仪器,因为剧烈的温度变化和受热不均匀会损坏玻璃仪器,也由于局部过热可能会使有机物部分分解,所以使用电炉、酒精灯、煤气灯时应根据反应加热温度、升温速度的需要,选用不同的间接加热方式。

（1）空气浴。

空气浴加热是利用热空气间接加热,对于沸点在 80 ℃ 以上的液体均可采用,实验室常用的有石棉网加热和电热套加热。

将容器放置在石棉网上加热,这就是最简单的空气浴。烧瓶(杯)下放置一块石棉网进行加热,可使受热面增大且较均匀,但这种加热方式只适用于高沸点且不易燃烧的有机物,不能用于回流低沸点易燃的液体或减压蒸馏。加热时必须注意石棉网与烧瓶之间应该留有空隙,灯焰要对着石棉块,如偏向铁丝网,则铁丝网容易烧断且温度过高。

电热套加热是一种较好的空气浴,主要用于回流加热。其用作蒸馏或减压蒸馏时,随着瓶内物质的减少,会使瓶壁过热,造成被蒸馏物炭化(碳化)。如果选用大一号的电热套,并在蒸馏过程中不断加大电热套与烧瓶间的距离,会减少炭化(碳化)。

NOTE

（2）水浴。

加热温度不超过 100 ℃时,最好用水浴加热。将容器置于水浴中,但勿使容器触及水浴锅壁或底部,电炉、酒精灯或煤气灯置于水浴锅下面加热。由于水浴中的水不断蒸发,需适时添加热水,使水浴中的液面保持稍高于容器内反应物的液面。

电热恒温水浴锅操作方便,且能保持加热温度恒定。

水浴加热时应注意不要让水蒸气进入反应器中,当涉及使用到金属钾和钠的操作时,不能在水浴上进行。对于乙醚等易燃易爆有机溶剂,只能用预热的水浴加热。

如果加热温度稍高于 100 ℃,可选用适当无机盐饱和水溶液作为热浴。表 1-1-3 列出了部分无机盐饱和水溶液的沸点。

表 1-1-3　部分无机盐饱和水溶液的沸点

无机盐	饱和水溶液的沸点/℃
$MgSO_4$	108
NaCl	109
KNO_3	116
$CaCl_2$	180

（3）油浴。

加热温度为 100～250 ℃的可选用油浴,反应物的温度一般低于油浴液 20 ℃左右。油浴的优点是温度容易控制在一定范围,反应物受热均匀;缺点是温度升高时会冒油烟,达到燃点时即可自燃,明火也可引起着火。油经使用后易变黑,虽不妨碍使用,但不便观察反应瓶内的反应情况,且烧瓶外壁沾上的油污不易洗涤。常用的油浴有以下几种。

①甘油:可以加热到 140～150 ℃,温度过高则会分解。

②植物油:如菜籽油、蓖麻油和花生油等,可以加热到 220 ℃。常加入 1％对苯二酚等抗氧化剂,增加油在受热时的稳定性。温度过高则会分解,达到闪点可能会燃烧,使用时要小心。

③石蜡:可以加热到 200 ℃左右,冷却至室温时凝成固体,保存方便。

④液体石蜡:又称石蜡油,可加热到 200 ℃左右,温度稍高并不分解,但较易燃烧。

⑤硅油:又称有机硅油,250 ℃时仍较稳定,透明度好。硅油由于具有很好的耐热性、电绝缘性、疏水性,较高的闪点、燃点及不易挥发性,逐渐成为油浴的首选,但价格较贵。

使用油浴时,油量不能过多,否则受热溢出后易引起火灾。当油受热冒烟时,应立即停止加热。油浴中应挂一支温度计,可以观察油浴的温度和有无过热现象,便于调节温度。

加热完毕取出反应容器时,仍用铁夹夹住反应容器使其离开液面悬置片刻,待容器壁上附着的油滴完后,用纸或干布擦干。

（4）酸液浴。

常用酸液为浓硫酸,可以加热到 250～270 ℃,加热至 300 ℃左右时则分解,生成白烟。若加入适量硫酸钾,则加热温度可升至 350 ℃左右。

（5）沙浴。

沙浴一般是用铁盆装干燥的细海沙（或河沙），将反应容器半埋沙中加热。加热沸点在 80 ℃ 以上的液体时可以采用，特别适用于加热温度在 220 ℃ 以上者。沙浴的缺点是传热差，升温慢，且不易控制，因此沙层要薄一些。沙浴中应插入温度计，温度计水银球要靠近反应器。

（6）金属浴。

选用适当的低熔点合金，可加热到 350 ℃ 左右，一般都不超过 350 ℃，否则合金将会迅速氧化。

（二）冷却

在有机化学实验中，有时需要在低温条件下进行反应或分离、提纯，因此须采用冷却剂进行冷却。

1. 常需进行冷却的操作

（1）某些反应需要在特定的低温条件下进行，否则会引起很多副反应，甚至会引起爆炸，如重氮化反应一般在 0～5 ℃ 进行。

（2）沸点很低的有机物，进行冷却可以减少损失。

（3）加速结晶的析出。

（4）高度真空蒸馏装置，防止低沸点物质进入真空泵，采用冷阱冷却。

2. 常用的冷却剂

根据冷却的温度与带走的热量，选用适当的冷却剂进行冷却。

（1）水：价廉、易得，是常用的冷却剂，但随季节不同，其冷却效率变化大。

（2）冰水混合物：也是容易得到的冷却剂，可冷却至 0～5 ℃，比单纯用冰块的冷却效果高，因为将冰粉碎后，冰水混合物可与容器的器壁充分接触。

（3）冰盐混合物：在碎冰中酌加适量的盐类，则得到冰盐混合冷却剂，可冷却至 0 ℃ 以下。如往碎冰中加入食盐（质量比 3∶1），可冷却至 −18～−5 ℃。冰盐浴不宜用大块的冰，而且要按上述比例将食盐均匀撒在碎冰上，这样冷却效果才好。

若无冰时，可用某些盐类溶于水吸热作为冷却剂使用，常用的盐与水（冰）组成的冷却剂见表 1-1-4 及表 1-1-5。

表 1-1-4　一种盐与水（冰）组成的冷却剂

盐类及其用量/g		温度/℃	
		始温	冷冻
每 100 g 水			
KCl	30	+13.6	+0.6
CH₃COONa·3H₂O	95	+10.7	−4.7
NH₄Cl	30	+13.3	−5.1
NaNO₃	75	+13.2	−5.3
NH₄NO₃	60	+13.6	−13.6
CaCl₂·6H₂O	167	+10.0	−15.0

续表

盐类及其用量/g		温度/℃	
		始温	冷冻
每 100 g 冰			
NH$_4$Cl	25	−1	−15.4
KCl	30	−1	−11.1
NH$_4$NO$_3$	45	−1	−16.7
NaNO$_3$	50	−1	−17.7
NaCl	33	−1	−21.3
CaCl$_2$·6H$_2$O	204	0	−19.7

表 1-1-5　两种盐与水（冰）组成的冷却剂

盐类及其用量/g				温度/℃	
				始温	冷冻
每 100 g 水					
NH$_4$Cl	31	KNO$_3$	20	+20	−7.2
NH$_4$Cl	24	NaNO$_3$	53	+20	−5.8
NH$_4$NO$_3$	79	NaNO$_3$	61	+20	−14.0
每 100 g 冰					
NH$_4$Cl	26	KNO$_3$	13.5		−17.9
NH$_4$Cl	20	NaCl	40.0		−30.0
NH$_4$Cl	13	NaNO$_3$	37.5		−30.1
NH$_4$NO$_3$	42	NaCl	42.0		−40.0

（4）干冰（固体二氧化碳）：可冷却至−60 ℃以下，如果将干冰加到甲醇、丙酮等溶剂中，可冷却至−78 ℃以下，但加入时会猛烈冒泡。

（5）液氮：可冷却至−196 ℃。

冷却时一般选用合适的冷却剂，否则既增加了成本，又影响了反应速率。

（三）干燥

干燥是指除去附在固体或混杂在液体、气体中的少量水分，也包括除去少量溶剂。在有机化学实验中，很多反应需要在无水条件下进行，所用的原料与反应容器均应是干燥的；有些含水分经加热会变质的物质在蒸馏或用无水溶剂重结晶前，也必须进行干燥。因此，有机化学实验中，干燥是常用且十分重要的基本操作。

有机化合物干燥的方法通常有物理方法和化学方法两种。物理方法是指不使用干燥剂进行干燥，如分馏、吸附、烘干等，也可以采用离子交换树脂和分子筛来进行脱水干燥。在有机化学实验室中常用化学干燥法，即往有机液体中加入干燥剂，干燥剂与水发生化学反应或与水结合形成水合物，从而除去有机液体所含的水分，达到干燥的目的。用化学方法干燥时，有机液体中所含的水分不能太多，否则需要使用大量的干燥剂,而大量的干燥剂在吸水的同时,也会吸附一定量的有机液体,因而造成较大的损失。

1. 液体有机物的干燥

(1) 干燥剂的选择。

常用干燥剂的种类很多,选用时必须注意以下几点。

①干燥剂与有机物不发生任何化学反应,对有机物也无催化作用。

②干燥剂不溶于液体有机物。

③当选用与水结合形成水合物的干燥剂时,必须考虑干燥剂的吸水容量与干燥效能。吸水容量是指单位质量的干燥剂吸水量的多少,干燥效能是指达到平衡时液体被干燥的程度。例如:无水硫酸钠可形成 $Na_2SO_4 \cdot 10H_2O$,即 1 g Na_2SO_4 最多能吸收 1.27 g 水,其吸水容量为 1.27,但其水合物在 25 ℃时的蒸气压也较大(255.98 Pa),故干燥效能差;无水氯化钙能形成 $CaCl_2 \cdot 6H_2O$,其吸水容量为 0.97,此水合物在 25 ℃时的蒸气压为 39.99 Pa,故无水氯化钙吸水容量虽然较小,但干燥效能强。所以应根据除去水分的具体要求选择合适的干燥剂。

已吸水的干燥剂受热后又会脱水,其蒸气压随温度升高而增大,所以对已经干燥的液体进行蒸馏前必须将干燥剂滤去。

④干燥剂应价廉易得。

(2) 干燥剂的用量。

干燥剂用量不足,不能达到干燥的目的;用量太多,则由于干燥剂的吸附而造成有机液体的损失。所以,掌握好干燥剂的用量是很重要的。以乙醚为例,室温时水在乙醚中的溶解度为 1‰～1.5‰,若用无水氯化钙干燥 100 mL 含水的乙醚时,全部形成 $CaCl_2 \cdot 6H_2O$,根据其吸水容量为 0.97,无水氯化钙的理论用量应为 1 g,但实际用量远远超过 1 g,常需要 7～10 g 的无水氯化钙,因为醚层的水分不可能完全除去,还有悬浮的微细水滴,其次形成水合物需要很长时间,往往不可能达到理论吸水容量,所以实际投入的无水氯化钙是大大过量的。

一般干燥剂的用量为每 10 mL 有机液体需 0.5～1 g。由于含水量不等,干燥剂的质量差异,干燥剂的颗粒大小及干燥时的温度不同等因素,较难固定具体用量,应根据具体情况确定。

(3) 常用的干燥剂。

①无水氯化钙:价廉、吸水能力较强,是最常用的干燥剂之一。无水氯化钙吸水后形成 $CaCl_2 \cdot nH_2O(n=1、2、4、6)$,吸水容量最大为 0.97,干燥效能中等,平衡时间较长,所以使用无水氯化钙干燥有机液体时需要放置一段时间,并需要间歇振摇。无水氯化钙适用于烃类、卤代烃、醚等有机物的干燥,不适用于醇、胺和某些醛、酮、酯等有机物的干燥,因为无水氯化钙能与它们形成配合物。工业品中可能含有氢氧化钙或氧化钙,故不宜用作酸(或酸性液体)的干燥剂。

②无水硫酸镁:中性干燥剂,不与有机物和酸性物质起作用,吸水后形成 $MgSO_4 \cdot nH_2O(n=1、2、4、5、6、7)$,48 ℃以下形成 $MgSO_4 \cdot 7H_2O$。吸水容量为 1.05,干燥效能中等,可以代替无水氯化钙,还可以干燥许多不能用无水氯化钙干燥的有机物,应用范围广,价较廉,吸水量大,是一个很好的中性干燥剂。

③无水硫酸钠:中性干燥剂,价廉,与水结合形成 $Na_2SO_4 \cdot 10H_2O(37 ℃以下)$。

NOTE

吸水容量为 1.27,但干燥速度缓慢,干燥效能差,一般用于有机液体的初步干燥,然后再用干燥效能好的干燥剂干燥。

④无水碳酸钾:与水形成 $K_2CO_3 \cdot 2H_2O$,吸水容量为 0.2,干燥速度慢,干燥效能较弱,一般用于干燥醇、酯、酮等中性有机物和生物碱等一般的有机碱性物质,不适用于干燥酸、酚或其他酸性物质。

⑤金属钠:醚、烷烃、芳烃等有机物用无水氯化钙或硫酸镁等处理后,仍含有微量的水分时,可加入金属钠(切成薄片或压成丝)除去。金属钠不宜用作醇、酯、酸、卤代烃、醛、酮及某些胺等能与碱起反应或易被还原的有机物的干燥剂。

⑥五氧化二磷:吸水性强,适用于干燥烃、卤代烃、醚等中的痕量水分,不适用于干燥醇、酸、胺、酮等物质。由于五氧化二磷的价格比较贵,而且不能再生,所以在使用五氧化二磷干燥前,可以先用其他价廉的干燥剂预干燥。

⑦氢氧化钾(钠):吸水性很强,适用于干燥胺等碱性化合物。由于氢氧化钾(钠)能与很多有机化合物(如酸、酯、酰胺等)发生反应,也能溶于某些液体有机物中,所以其使用范围很有限。

⑧氧化钙:适用于干燥低级醇类。氧化钙和氢氧化钙均不溶于醇类,对热都很稳定,又均不挥发,故不必从醇中除去即可对醇进行蒸馏。氧化钙具有碱性,不能用于酸性化合物和酯的干燥。

各类有机物的常用干燥剂见表 1-1-6。

表 1-1-6 各类有机物的常用干燥剂

液态有机物	适用的干燥剂
烷烃、芳烃、醚类	$CaCl_2$、Na、P_2O_5
醇类	K_2CO_3、$MgSO_4$、Na_2SO_4、CaO
醛类	$MgSO_4$、Na_2SO_4
酮类	$MgSO_4$、Na_2SO_4、K_2CO_3
酸类	$MgSO_4$、Na_2SO_4
酯类	$MgSO_4$、Na_2SO_4、K_2CO_3
卤代烃	$CaCl_2$、$MgSO_4$、Na_2SO_4、P_2O_5
胺类	$NaOH$、KOH

(4)干燥操作。

液体有机物的干燥一般在干燥的锥形瓶中进行。首先将分离尽水层的有机液体置于干燥的锥形瓶中,然后取适量的合适干燥剂投入液体中,塞紧塞子(用金属钠作干燥剂时则例外,此时塞中应插入一个无水氯化钙干燥管,使氢气放空而水汽不进入),振摇片刻。如果发现干燥剂附着在瓶壁上或相互黏结,说明干燥剂用量不足,应继续添加干燥剂;如果液体有机物中存在较多水分,这时可能出现少量水层,必须用吸管将水吸出,再添加新的干燥剂,振摇后放置一段时间,然后将干燥液体滤入烧瓶中进行蒸馏精制。

有时在干燥前液体呈混浊状,经干燥后变澄清,这并不能说明水分已全部除去,澄清与否与水在该化合物中的溶解度有关。干燥所用的干燥剂颗粒大小应适宜,颗粒太大,表面积小,吸水很慢,且干燥剂的内部不能发挥吸水作用;颗粒太小则表面积太大,吸附很多液体有机物,且干燥剂容易成泥浆状而难以分离。

2. 固体有机物的干燥

重结晶得到的固体常带有水分或有机溶剂,应根据化合物的性质选择适当的方法进行干燥。

(1)自然晾干。

自然晾干是最简便、最经济的干燥方法。将需要干燥的固体有机物在滤纸上压平,然后薄薄地摊开,用另一张滤纸覆盖起来,在空气中慢慢晾干。

(2)烘箱干燥。

对热稳定的固体有机物可以放在烘箱内烘干,加热温度切勿超过该固体的熔点,以免固体变色或分解。

(3)真空恒温干燥箱干燥。

真空恒温干燥箱是工作空间处于负压状态的干燥箱,内置加热装置,与真空泵相连,有温度和真空度指示,可以干燥较大量物质,特别适合对热敏性、易分解、易氧化物质及复杂成分物品进行快速高效的干燥处理。

(4)红外灯干燥箱干燥。

使用红外灯直接照射待干燥固体。红外线穿透性强,使水分或溶剂从固体内部的各部分蒸发出来,可以达到快速干燥的目的。干燥时要经常翻动固体,既可以加速干燥,又可以避免“烤焦”。

(5)干燥器干燥。

对于易吸湿或在较高温度干燥会升华、分解或变色的固体有机物,可用干燥器干燥。干燥器有普通干燥器和真空干燥器两种(图 1-1-5)。

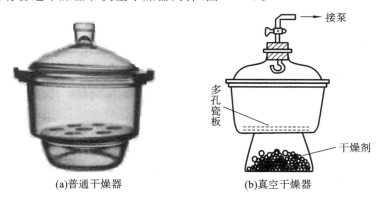

(a)普通干燥器   (b)真空干燥器

图 1-1-5 干燥器

干燥器器盖与缸身之间的平面经过磨砂,在磨砂处涂抹适量凡士林以提高密封效果。干燥器缸中有多孔瓷板,瓷板上面放置盛有待干燥样品的表面皿,下面放置干燥剂。干燥器内常用的干燥剂见表 1-1-7。真空干燥器内一般不宜用浓硫酸作干燥剂,因为在真空条件下硫酸会部分蒸发。

表 1-1-7 干燥器内常用的干燥剂

干燥剂	被吸收的溶剂或其他杂质
硅胶	水
石蜡片	醇、醚、苯、甲苯、氯仿、四氯化碳

NOTE

续表

干燥剂	被吸收的溶剂或其他杂质
$CaCl_2$	水、醇
CaO	水、乙酸、氯化氢
P_2O_5	水、醇
NaOH	水、乙酸、氯化氢、醇、酚
浓 H_2SO_4	水、醇

真空干燥器顶部装有带活塞的玻璃导气管,由此连接抽气泵,使干燥器内压力下降,从而提高了干燥效率,比普通干燥器快 6～7 倍。活塞下端呈弯钩状且开口向上,可以防止在通大气时因空气流入太快而将被干燥的固体冲散,所以在通大气时,开动活塞放入空气的速度宜慢不能快,最好用另一表面皿覆盖盛有样品的表面皿。使用真空干燥器前必须试压,即用网罩或防爆布围住真空干燥器,然后抽真空,关上活塞放置过夜。使用时真空度不宜过高,防止万一干燥器炸碎时玻璃碎片飞溅而伤人,一般用水泵抽真空至盖子推不动即可。用水泵减压时,需在干燥器与水泵之间安装安全瓶,以免水压突变时水倒吸至干燥器内。

使用干燥器时应注意:①干燥器内不能放炽热的物品,温度很高的物品应稍冷却后再放进去(不可冷却至室温)。普通干燥器放入温度高的物品后,一定要在短时间内再打开盖子 1～2 次,以免干燥器内空气冷却使其内部压力降低而打不开盖子。②打开(或盖上)干燥器,应沿水平方向向前(或向后)推动盖子,如图 1-1-6(a)所示。③搬动干燥器时,用两手的拇指按住盖子,以防盖子滑落打碎,如图 1-1-6(b)所示。

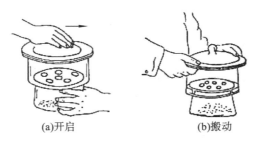

(a)开启　　　　　(b)搬动

图 1-1-6　干燥器的使用

(6)减压恒温干燥枪。

样品在烘箱或在真空干燥器内干燥效果欠佳时,则使用减压恒温干燥枪(简称干燥枪),如图 1-1-7 所示。使用时,将盛有样品的"干燥舟"放入干燥室,接上盛有 P_2O_5 的曲颈瓶,然后减压至可能的最高真空度时,停止抽气,关闭活塞,加热溶剂(溶剂沸点应低于样品熔点)回流,使溶剂的蒸气充满夹层,样品就在减压恒温的干燥室内被干燥。在干燥过程中,每隔一定时间应抽气,以便及时排除样品中挥发出来的溶剂蒸气,同时可使干燥室内保持一定的真空度。干燥完毕先去热源,待温度降至接近室温时,缓慢解除真空,将样品取出置于普通干燥器中保存。减压恒温干燥枪只适用于少量样品的干燥。

(四)搅拌

搅拌是有机化合物制备实验常用的基本操作之一,搅拌的目的是使反应物混合得

NOTE

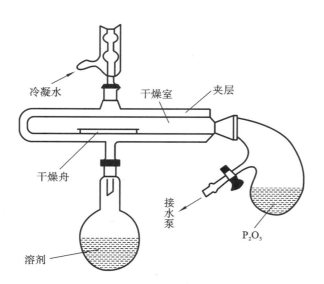

图 1-1-7　减压恒温干燥枪

更加均匀、反应体系的热量容易散发和传导,使反应体系的温度更加均匀,从而有利于反应的进行。特别是非均相(固体和液体或互不相溶的液体)反应及边反应边加料进行的反应,搅拌更为必不可少的操作,否则由于浓度局部增大、温度局部过高而导致有机物的分解或其他副反应的发生。

搅拌的方式有人工搅拌、机械搅拌和磁力搅拌三种。简单的、反应时间不长的且反应体系中无有毒气体放出的制备实验,可用人工搅拌。可以用已烧光滑的玻璃棒沿着反应器内壁均匀地搅动,但应避免碰撞器壁。复杂的、反应时间较长的且反应体系中有有毒气体放出的制备实验,需要采用机械搅拌或磁力搅拌。

1. 机械搅拌

机械搅拌装置由支架、电动机、调速器、搅拌棒和搅拌封闭装置组成(图 1-1-8)。电动机是动力部分,固定在支架上,接通电源后,电动机就带动搅拌棒转动进行搅拌,转速由调速器控制。搅拌封闭装置是搅拌棒与反应器连接的装置,它可以防止反应器中气体外逸,也可以支撑搅拌棒,使之搅拌平稳。

搅拌效率很大程度上取决于搅拌棒的结构,搅拌棒通常用玻璃或聚四氟乙烯制作。图 1-1-9 所示为几种式样的玻璃搅拌棒,前三种较易制作,后四种搅拌效果较好。根据反应器的大小、形状、瓶口的大小及反应条件的要求,选择较为合适的搅拌棒。搅拌棒与电

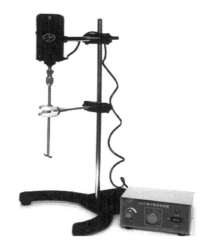

图 1-1-8　机械搅拌装置

动机的转轴连在一起,要求搅拌棒与电动机的转轴同心,不能产生扭力且转动灵活,以减少搅拌棒转动时的摆动。搅拌棒应距离瓶底 0.5～1 cm,且不能触及反应器壁,以免搅拌过程中损坏仪器。

NOTE

21

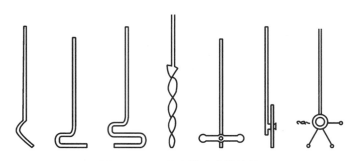

图 1-1-9　几种式样玻璃搅拌棒

2. 磁力搅拌

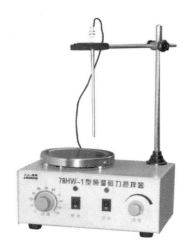

图 1-1-10　磁力搅拌器

磁力搅拌器（图 1-1-10）是以电动机带动磁铁旋转，磁铁再控制磁子旋转进行工作的。磁子的中心是一根铁条，其外包裹一层热稳定性和化学稳定性很好的聚四氟乙烯，保证铁条不被腐蚀。通常磁力搅拌器与加热装置、控温装置集成一起。使用时只要将磁子投入反应器中，将反应器置于搅拌台上，接通电源，打开电源开关，指示灯亮即开始工作。调速时由低速逐步调至高速，不允许高速挡直接起动，以免引起磁子跳动。磁力搅拌器使用方便、操作简单，且安全性好，对于一般的非均相反应，磁力搅拌都是理想的选择。但一些黏稠液体及有大量固体参加或生成的反应，磁力搅拌器无法顺利工作，这时应选用机械搅拌。

（五）称量

根据对称量准确度的不同要求，可选用不同类型的天平进行称量。

1. 托盘天平

托盘天平又称粗天平，用于精确度不高的称量，一般精确到 0.1 g。托盘天平横梁中间有一硬钢制的棱角作支点，两臂可以上下摆动，在臂的两端各有一个托盘（图 1-1-11）。称量前，先观察两臂是否平衡，即指针是否在标尺中央。如果指针不在标尺中央，可以调节两端的平衡螺丝，使指针指向标尺中央，即平衡。称量时，将待称量的样品放在左盘，砝码放在

图 1-1-11　托盘天平

右盘，先加大砝码，然后加较小的砝码，最后移动游码，直至指针指向标尺中央，表示两边质量相等。右盘砝码的克数加上游码在游码尺上所指的克数便是样品的质量。用毕，应将砝码放回砝码盒中，游码复原至刻度 0。

托盘天平应保持清洁，称量的样品不能直接放在托盘上，而应放在称量纸、干燥表面皿上或烧杯中。砝码要用镊子取，不能直接用手取砝码。

NOTE

2. 电子天平

随着现代技术的进步,机械天平逐渐被电子天平(图1-1-12)替代。电子天平的优点是称量速度快、灵敏度高,直接显示读数,操作简便。常用的电子天平有精确度(或称为感量)为0.01 g的普通电子天平和0.0001 g的分析天平。有机化学实验的称量误差允许在1%左右,一般情况下使用精确度为0.01 g的普通电子天平。称量时,称量的样品不能直接放在托盘上,需要在托盘上放一张大小合适的称量纸,再将称量的固体物质放在称量纸上,或者使用称量瓶、反应瓶等盛装称量的物质。要随时清理洒落在天平周围的样品,保持天平的整洁。

图1-1-12 电子天平

五、化学试剂等级的介绍

化学试剂的等级标准,世界各国并不统一,各国按自定的标准生产化学试剂。我国化学试剂的等级标准有三种:化学试剂国家标准(GB)、原化工部部颁化学试剂标准(HG)、原化工部部颁化学试剂暂时标准(HGB)。一般在试剂瓶的标签右上角注明"符合GB""符合HG"或"符合HGB"等字样,表示该化学试剂的技术条件符合规定的某种标准。

我国由国家和主管部门颁布具体指标的化学试剂等级有四种,按纯度分为优级纯、分析纯、化学纯和实验试剂。不同等级的化学试剂对照见表1-1-8。

表 1-1-8 不同等级的化学试剂对照表

等级	中文标志	符号	标签颜色	适用范围
一级	优级纯或保证试剂	G.R	绿	精密分析实验与科学实验
二级	分析纯或分析试剂	A.R	红	一般科学研究与要求较高的定量、定性分析实验
三级	化学纯或化学纯试剂	C.P	蓝	要求不高的分析实验与要求较高的化学实验
四级	实验试剂	L.R	棕或黄	要求不高的一般化学实验

此外,还有一些专门用途的特殊规格试剂。

基准试剂:纯度高于或相当于优级纯,常用作滴定分析中的基准物质,也可直接配制标准溶液。

色谱纯试剂:在色谱检测器最高灵敏度下,以10^{-10} g试剂无色谱杂质峰为标准,用作色谱分析的标准物质。

光谱纯试剂:光谱方法分析时不出现杂质信号或信号小于规定指标,用作光谱分析的标准物质。

NOTE

生化试剂：用于各种生物化学实验。

各种级别的试剂由于纯度不同，价格相差很大，使用时在满足实验要求的前提下，应考虑节约的原则。

六、实验预习、实验记录及实验报告

有机化学实验是一门理论联系实际的综合性较强的课程，对于培养学生独立工作的能力具有重要的作用。实验前进行预习、实验中认真仔细进行实验操作并做好实验记录、实验后书写实验报告是安全、高效地完成有机化学实验教学目标的三个重要环节。

（一）实验预习

实验预习是做好实验的第一步，是实验前必须完成的准备工作，是做好实验的前提。每位学生都应准备一本实验预习本（也可兼作实验记录本），实验前认真阅读实验教材及相关参考资料，领会实验目的与实验原理，熟悉实验内容与实验方法，明确实验条件及实验有关注意事项，并写出实验预习报告。以有机化合物的制备实验为例，实验预习报告要求如下。

（1）实验目的。

（2）实验原理。用反应方程式写出主反应及重要副反应，并简述反应机制。

（3）列出实验所需的仪器。

（4）列出主要试剂、产物的物理常数及试剂的规格、用量。

（5）画出主要反应装置图。

（6）简述实验步骤。用简练的语句和符号表述，不是照抄。

（7）列出粗产物的纯化过程及原理。

（8）写出做好该实验的注意事项。对于实验可能出现的问题，包括实验结果与安全问题，要写出防范措施与解决办法。

实验预习报告就好像是工作提纲，是进行实验的依据，实验应按提纲进行。实验预习工作做得好，不仅实验可以顺利进行，还能够从实验中获得更多的知识。

（二）实验记录

做好实验记录是培养学生科学态度和实事求是精神的重要教学环节，完整、准确的实验记录是实验工作的重要组成部分，实验过程中应及时、如实地在专用记录本上记录实验现象与实验结果。一份适当的实验记录内容如下。

（1）实验标题。

（2）实验的日期，实验所用的时间。

（3）实验原理，如有机化合物制备实验的主要反应方程式。

（4）所用仪器与药品，包括仪器的名称、型号，药品的规格、用量等。

（5）实验步骤、实验现象、实验结果（表格式）。

实验步骤	实验现象	反应式及解释

实验现象主要包括加入原料的颜色、固体溶解的情况、反应液颜色的变化、有无沉

淀析出、有无气体生成,加热温度,产品的颜色、外形等。实验结果主要包括产物的量、熔点或沸点、折光率等。将观察到的实验现象及测得的数据认真、如实地记录在记录本上,记录要简明扼要,字迹工整。实验结束后将实验记录交给老师审阅。

实验记录是科学研究的第一手资料,也是书写实验报告的原始依据,所以应妥善保存好实验记录。

(三) 实验报告

实验报告是总结实验进行的情况、分析实验过程中出现问题的原因、整理归纳实验结果的重要环节。实验报告的书写是一项重要的基本技能训练,它不仅是对每次实验的总结,更重要的是可以初步培养和训练学生的逻辑归纳能力、综合分析能力和文字表达能力,为科学论文写作奠定基础。因此,参加实验的每位学生均应及时、认真地书写实验报告,要求内容实事求是、分析全面具体、文字简练通顺、字迹工整。

对于不同的实验,实验报告的格式与要求略有不同。有机化合物性质实验、有机化合物制备实验的实验报告格式分别如下。

1. 有机化合物性质实验的实验报告

(1) 实验目的。

(2) 实验原理。

(3) 实验步骤(表格式)

实验步骤	实验现象	反应式及解释

实验预习报告只填写"实验步骤",实验过程中填写"实验现象",实验结束后填写"反应式及解释",即为实验报告。

2. 有机化合物制备实验的实验报告

(1) 实验目的。

(2) 实验原理。

(3) 主要试剂、产物的物理常数及试剂的规格、用量。

(4) 实验装置图。

(5) 实验步骤及现象。实验现象要表达正确并加以简要的解释,尽量采用流程图、表格、符号等形式清晰地描述实验步骤,避免照抄书本。

(6) 实验结果。包括产物外观、产量、产率等,数据记录要完整、真实。

(7) 总结与讨论。实验总结与讨论是实验报告的重要组成部分,内容包括以下几点:①评价实验结果的可靠性与合理性;②分析实验中出现的问题及解决办法;③实验者的心得体会;④对实验内容、实验方法、实验教学提出见解和建议。

七、有机化学实验常用参考资源

进行有机化学实验,必须了解反应物与产物的物理常数,了解它们之间的相互关系等,否则就存在盲目性,难以进行反应。因此,学会查阅化学文献及运用网络资源,对提高学生分析问题、解决问题的能力,更好地完成有机化学实验是十分重要的。

化学文献是对化学领域中科学研究、生产实践等的记录与总结,通过查阅文献可

NOTE

以了解某一课题的研究历史及目前国内外研究水平与发展动向,这些丰富的资料可以提供大量的信息,充实头脑,开阔视野。在此只是简单介绍一下有机化学实验的常用文献及网络资源。

（一）常用化学工具书

1. 化工辞典(王箴,4 版,化学工业出版社,2000)

这是一本综合性化工工具书,收集词目 1.6 万余条,其中列出了化合物分子式、结构式、物理常数与化学性质,并简要介绍了化合物的制备方法与用途。全书按汉语拼音字母排列,书前面附有汉语拼音及汉字笔画检字索引,后面附有英文索引。

2. 化学化工药学大辞典(黄天守,大学图书出版社,1982)

这是一本关于化学、医药及化工方面的工具书,该书取材广泛,收录了近万个化学、医药及化工方面的常用物质,采用英文名称按顺序排列。每一名词各自成一独立单元,其内容包括组成、结构、性质、用途(含药效)及参考文献。该书内容新颖、叙述详细,书后面还附有 600 多个有机人名反应。

3. 有机合成事典(樊能廷,北京理工大学出版社,1992)

该书收集了 1700 多个有机化合物的理化性质及详细的制备方法,附有分子式索引、各化合物在美国文摘上的登录号等。

4. 现代化学试剂手册(第一分册):通用试剂(段长强等,化学工业出版社,1988)

该书收录了多种常用化学试剂、溶剂,分别介绍了物品名、相对分子质量、分子式、结构式、理化性质、制备及提纯方法、用途、安全与储存等,书后面还附有中、英文名称索引。

5. _Dictionary of Organic Compounds_(Heilboron I V,6th ed,1995)

Dictionary of Organic Compounds(有机化学词典)收集了 28000 多种常见有机化合物,按英文字母排列,其内容包括来源、组成、分子式、结构式、性状、物理常数、化学性质及衍生物等,并列出了制备各化合物的主要文献。

6. _Beilstein Handbuch der Organischen Chemic_

Beilstein Handbuch der Organischen Chemic(贝斯坦有机化学手册)是目前收集有机化合物资料最齐全的手册,收录了一百多万个有机化合物的结构、性质、制备等数据和信息。

（二）期刊

1. 普通期刊

（1）中文期刊。

与有机化学实验有关的中文期刊主要有《中国科学》、《化学学报》、《化学通报》、《高等学校化学学报》、《有机化学》、《化学世界》、《催化学报》、《应用科学》及各综合性大学学报(自然科学版)等。

（2）英文期刊。

与有机化学实验有关的英文期刊主要如下:①_Journal of the American Chemical Society_,简称 _J. Am. Chem._;②_Journal of Chemical Society_,简称 _J. Am. Chem. Soc._;③_Journal of the Organic Chemistry_,简称 _J. Org. Chem._;④_Journal of Heterocyclic Chemistry_,简称 _J. Heterocycl. Chem._ 等。

 NOTE

上述期刊目前均已有网络资源,可以快速查阅到最新的文献资料。

2. 化学文摘

化学文摘是将大量分散的文献加以收集、摘录、分类整理的一种期刊,以美国化学文摘(*Chemical Abstract*,简称 CA)最为重要。CA 的索引比较完善,有期索引、卷索引,每 10 卷有累积索引,可以通过化学物质索引(chemical substance index)、分子式索引(formula index)、普通主题索引(general subject index)、作者索引(author index)、专利索引(patent index)等进行检索。

(三) 网络资源

由于互联网技术的迅速发展,从网上查找有关资料变得非常方便、快捷,已成为我们获取图书、资料、信息的重要途径。

1. 化学学科信息门户

网址为 http://chemport.ipe.ac.cn。建立并运行 Internet 化学专业信息资源和信息服务的门户网站,提供权威和可靠的化学信息导航,整合文献信息资源及其检索利用,并逐渐形成开放式集成定制。

2. 中国国家图书馆

网址为 http://www.nlc.cn。

3. 高校图书馆网站

进入有关学校的图书馆网站,可以查阅中国期刊网的有关资料。绝大多数的中国期刊都已进入中国期刊网,有关期刊可以通过期刊名称、主题词、作者等查找。

清华大学图书馆:http://www.lib.tsinghua.edu.cn。

北京大学图书馆:http://www.lib.pku.edu.cn。

4. 中国知网

网址为 http://www.cnki.net。

5. 中国专利信息网

网址为 http://www.patent.com.cn。根据专利号可获得专利摘要,用户注册后可获得专利全文检索。

6. 化合物基本性质数据库

网址为 http://www.chemfinder.camsoft.com。可以通过系统命名、俗名、CAS 登录号查询物质的物理常数,包括相对分子质量、熔点、沸点、溶解度等。

7. 万方数据知识服务平台

网址为 http://www.wanfangdata.com.cn。可以查阅基础科学、农业科学、人文科学、医药卫生和工业技术等领域的期刊,还可以查阅数据库,包括企业产品、专业文献、期刊会议、学位论文、科技成果、中国专刊等。

网络资源有些是免费的,有些是要付费才能使用的。

NOTE

第二章 有机化学实验技术

一、简单玻璃加工介绍

有机化学实验中的部分特殊玻璃仪器,比如熔点管、减压蒸馏的毛细管、气体吸收和水蒸气蒸馏的弯管等,需要自己动手加工制作。因此应较熟练地掌握玻璃加工基本操作,它是有机化学实验室中重要工作手段之一。

1. 清洗和切割玻璃管(棒)

(1)清洗。

需要加工的玻璃管(棒)必须先清洗干净并干燥。制备熔点管的玻璃管要先用洗液浸泡,再用自来水冲洗和蒸馏水清洗、干燥,然后再进行加工。

(2)切割。

①拉折切割:常用玻璃管(棒)的切割,取直径为 0.5～1 cm 的玻璃管(棒),用锉刀(三角锉、扁锉)的边棱或小砂轮在需要切割的位置上朝一个方向锉一个稍深的锉痕(不可来回乱锉,否则不但锉痕多,使锉刀和小砂轮变钝,而且断裂面不平整),如图1-2-1(a)所示。然后两手握住玻璃管(棒),以大拇指顶住锉痕的背后,轻轻向前推的同时朝两边拉,玻璃管(棒)即平整断裂,如图 1-2-1(b)所示。为了安全起见,推拉时应离眼睛稍远一些,或在锉痕的两边包上布再折断。

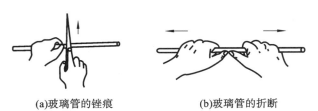

(a)玻璃管的锉痕　　　　　(b)玻璃管的折断

图 1-2-1　玻璃管的锉痕和折断

②热裂切割:粗的玻璃管(棒)采取上述方法处理较难断裂,可利用玻璃管(棒)骤然受强热或骤然遇冷易裂的性质,采用下列两种方法:一是将一根末端拉细的玻璃管(棒)在煤气灯焰上加热至白炽,使成珠状,立即压触到用水滴湿的粗玻璃管(棒)的锉痕处,锉痕因骤然受强热而裂开。二是使用电阻丝,将一段电阻丝的两端与两根导线连接,电阻丝绕成一圆圈套在玻璃管(棒)的锉痕处(应贴紧玻璃管),导线两端再接上变压器,接通电流,慢慢升高电压至电阻丝呈亮红色,稍等一会切断电源后再用滴管滴水至锉痕处,使其骤冷自行裂开。裂开的玻璃管(棒)边沿很锋利,容易割破皮肤、橡皮管或塞子,必须在灯焰上烧熔使之光滑。

2. 玻璃管(棒)的弯曲

玻璃管(棒)的弯曲分为两个步骤:烧管和弯曲。

NOTE

（1）烧管。

烧管时,两只手握住玻璃管(棒)的两端,将玻璃管(棒)在大头喷灯的氧化焰中加热,受热长度约 5 cm,加热过程中,为了使受热均匀,需缓慢向同一个方向转动,见图1-2-2。为防止玻璃管(棒)扭歪,两手用力要均匀,转动速度一致。

图 1-2-2　大头喷灯加热玻璃管(棒)

（2）弯曲。

当玻璃管(棒)加热至黄红色开始软化时即移出火焰(切不可在灯焰上弯玻璃管(棒)),两手水平持着,轻轻着力顺势弯曲至所需的角度,如图1-2-3所示。注意不可用力过猛,否则在弯曲的位

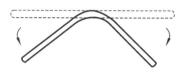

图 1-2-3　制作玻璃弯管(棒)

置易出现瘪陷。如果弯成较小角度,则需要按上述方法分几次弯,每次弯一定的角度后,再次加热的位置应稍有偏移,用累积的方式达到所需的角度。弯好的玻璃管(棒)应在同一平面上。此外,还将玻璃管(棒)的一端用橡皮乳头套上或拉丝封住,斜放在灯焰上加热,均匀转动至玻璃管(棒)发黄变软,移出灯焰,在玻璃管(棒)开口一端稍加吹气,同时缓慢地将玻璃管(棒)弯至所需的角度,两个动作应配合好。

对于管径不大(小于 7 mm)的玻璃管(棒),可采用重力的自然弯曲法进行弯曲。其操作方法:取一段适当长的玻璃管(棒),一手拿着玻璃管(棒)的一端,将玻璃管(棒)要弯曲的部分放在喷灯的最外层火焰上加热(火不宜太大!),不转动玻璃管(棒)。开始加热时,玻璃管(棒)与灯焰互相垂直,随着玻璃管(棒)的慢慢自然弯曲,玻璃管(棒)手拿端与灯焰的交角也要逐渐变小。变小的程度根据弯曲的角度而定,这种自然弯曲的特点是不转动,比较容易掌握。但由于弯曲时与灯焰的交角不可能很小,而限制了可弯的最小角度,一般只能是 45°左右。用此法弯曲有三点必须注意:第一,玻璃管(棒)受热段的长度要适当;第二,火不宜太大,弯曲时速度不要太快;第三,玻璃管(棒)成角的两端与喷气灯焰必须始终保持在同一平面。加工后的玻璃管(棒)均应及时进行退火处理,退火方法是趁热在弱火焰中加热一会,然后将其慢慢移出火焰,再放在石棉网上冷却到室温。如果不进行退火处理,玻璃管(棒)内部会因骤冷而产生很大的应力,使玻璃管(棒)断裂。即使没有立即断裂,过后也可能断裂。

（3）注意事项。

①两手旋转玻璃管(棒)的速度必须均匀一致,否则弯成的玻璃管(棒)会出现歪扭,致使两臂不在同一平面上。

②玻璃管(棒)受热程度应掌握好,受热不够则不易弯曲,容易出现瘪陷,受热过度则在弯曲处的管壁出现厚薄不均匀和瘪陷。

3. 拉玻璃管(棒)

将玻璃管(棒)外围用布擦净,先用小火烘,然后再加大火焰(防止发生爆裂,每次

 NOTE

加热玻璃管或玻璃棒时都应如此）并不断转动。一般习惯用左手握玻璃管（棒）转动，右手托住。如图1-2-2所示。转动时玻璃管（棒）不要上下前后移动。在玻璃管（棒）略微变软时，托玻璃管（棒）的右手也要以大致相同的速度向玻璃管（棒）作用方向（同轴）转动，以免玻璃管（棒）扭曲。当玻璃管（棒）发黄变软后，即可从火焰中取出，拉成需要的细度。在拉玻璃管（棒）时两手的握法和加热时相同，但应使玻璃管（棒）倾斜，右手稍高，两手向同方向旋转，边拉边转动，拉好后两手不能马上松开，尚需继续转动，直至完全变硬后，由一手垂直提置，另一手在上端拉细的适当地方折断，粗端烫手，置于石棉网上（切不可直接放在实验台上）。另一端也如上法处理，然后再将细管（棒）割断。拉出来的细管（棒）要求和原来的玻璃管（棒）在同一轴上，不能歪斜，否则要重新拉。应用这一操作能顺利地将玻璃管制成合格的滴管，如果转动时玻璃管上下移动，这样由于受热不均匀，拉成的滴管不会对称于中心轴。另外，在拉玻璃管（棒）时两手也要做同方向转动，不然加热虽然均匀，由于拉时用力不当，也不会是非常均匀的，如图1-2-4所示。

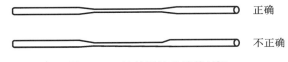

正确

不正确

图 1-2-4　拉丝后的玻璃管（棒）

4．制备熔点管及沸点管

取一根清洁干燥、直径为 1 cm、壁厚为 1 mm 左右的玻璃管，放在灯焰上加热。火焰由小到大，不断转动玻璃管，烧至发黄变软，然后从火中取出，此时两手改为同时握玻璃管做同方向来回旋转，水平地向两边拉开，如图1-2-5所示。

图 1-2-5　拉测熔点的毛细管

开始拉时要慢些，然后再较快地拉长，拉成内径为 1 mm 左右的毛细管，如果烧得软，拉得均匀，就可以截取很长的一段所需内径的毛细管，然后将内径 1 mm 左右的毛细管截成长为 15 cm 左右的小段，两端都用小火封闭（封闭时将毛细管呈 45°角在小火的边沿处一边转动，一边加热），冷却后放置在试管内，准备以后测熔点用。使用时只要将毛细管从中央割断，即得两根熔点管。

用上法拉内径 3～4 mm 的毛细管，截成长 1～8 cm，一端用小火封闭作为沸点管的外管。另将熔点管截成 4～5 cm 长的一根，封闭一端，以此作为沸点管的内管，两者一起组成了微量沸点管，如图1-2-6所示。

5．塞子的选择和配制

图 1-2-6　微量沸点管

有机化学实验中，常用的塞子有玻璃磨口塞、软木塞和橡皮塞。玻璃磨口塞容易清洗且不会变形，但容易被碱腐蚀；软木塞不易与有机试剂反应，但容易被酸碱腐蚀；橡皮塞不易被酸碱腐蚀，也不易漏气，但容易被有机溶剂溶胀。因此，塞子的选择一般要根据所盛装的试剂和化学反应所需的装置来进行。

NOTE

（1）塞子的选择。

一般要根据容器口径的大小来选择塞子大小。塞子塞到仪器瓶颈或管径的 1/2～2/3 处比较合适，如图 1-2-7 所示。

不正确　　　　　正确　　　　　不正确

图 1-2-7　塞子的配套

（2）塞子的打孔。

目前，有机化学实验中，用磨口玻璃仪器比较多，因此，圆底烧瓶、锥形瓶、温度计套等一般都有相对应的塞子或玻璃套。而有些特殊的仪器或没有配套玻璃仪器的时候，需要在塞子内插入导气管、滴液漏斗等时，需要自己动手对塞子进行打孔。打孔所用的工具称为打孔器，如图 1-2-8 所示。打孔器是一组直径不同，且有手柄的金属管，打孔器的管口比较锋利。打孔器一般是靠手力打孔，也可将打孔器固定在简单的机械设备上靠机械力打孔。

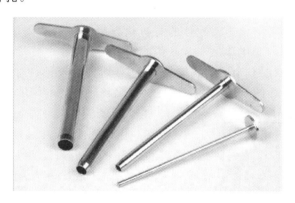

图 1-2-8　打孔器

为了防止漏气，必须保证插入塞子的玻璃管要紧密。如果在橡皮塞上打孔，应选用比欲插入的玻璃管外径稍大的钻嘴，因橡皮塞有弹性，孔打好后孔径会收缩变小；如果在软木塞上打孔，应选用比欲插入的玻璃管外径稍小的钻嘴，因软木塞软而疏松，打出的孔径稍小于玻璃管的外径才能插紧。

钻孔的方法：首先在桌子上放块木板，将塞子的小端朝上，左手握住塞子，右手拿着打孔器柄在需要打孔的位置用力地沿着顺时针方向转动，打孔器要垂直，不能左右摆动、不能倾斜，否则打出的孔是斜的。当钻至塞子高度的一半时，逆时针旋转取出钻头，捅出钻嘴内的塞芯。然后将塞子大的一面朝上，按上述的方法钻孔直至钻通，捅出钻嘴内的塞芯，操作如图 1-2-9 所示。

图 1-2-9　打孔的方法

打孔后，要检查孔道是否合用，如果不费力就能把玻璃

 NOTE

管插入，说明孔道过大，玻璃管和塞之间贴合不够紧密会漏气，不能用。若孔道略小或不光滑，可用圆锉修整。每次实验后应将所配好用过的塞子洗净，干燥，保存备用。

（3）注意事项。

有机化学实验中常使用的各种磨口仪器，如各种具塞锥形瓶、分液漏斗等，有时由于保养不当而打不开，用力扭容易破碎且易割伤手，因此应注意保养。

①标准磨口仪器使用后应立即拆卸，接触油类物质的玻璃旋塞用后必须立即擦洗干净，以免黏结。洗净后在磨口与玻璃旋塞之间衬垫一张小纸条。

②磨口玻璃塞不能去污粉刷洗，因为用去污粉刷洗对磨口有损害，影响密封，应以脱脂棉蘸少量回收的乙醇、丙醇、乙醚等有机溶剂擦洗或用洗液浸泡后以自来水冲洗。

③有时使用的玻璃磨口应涂上旋塞油或真空油脂，油不宜涂得过多，涂油后转动旋塞或磨口使仪器润滑，注意轻开轻关，不要用力过猛。

④玻璃塞和磨口之间如有细灰尘等，不要用力转动，以免磨损影响密封。

⑤烘干具有玻璃塞的仪器时，应取下玻璃塞，以免因受热不均匀而引起破裂。

二、有机化合物物理常数的测定

（一）熔点的测定

熔点是指固体化合物受热由固态转变为液态时的温度。该温度下，物质固、液两相在大气压力下达到平衡状态。纯粹的有机化合物一般都有固定熔点。即在一定压力下，固、液两相之间的变化都是非常敏锐的，初熔至全熔的温度不超过 1 ℃（熔点范围称熔距或熔程）。如混有杂质则其熔点下降，且熔程也较长，以此可鉴定纯粹的固体有机化合物。根据熔程的长短又可定性地估计出该化合物的纯度。

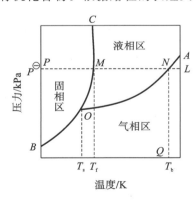

图 1-2-10　蒸气压曲线图

1. 基本原理

将某一化合物使固、液两相处于同一容器，在一定温度和压力下，这时可能发生三种情况：固相迅速转化为液相即固体液化；液相迅速转化为固相即液体固化；固、液两相同时并存。如何决定在某一温度时哪一种情况占优势，可以从该化合物的蒸气压与温度的曲线图来判断（图 1-2-10）。

固相的蒸气压随温度的变化速率比相应的液相大，最后两曲线相交，在交叉点 M 处（只能在此温度时）固、液两相可同时并存，此时温度 T_f 即为该化合物的熔点。当温度高于 T_f 时，这时固相的蒸气压已较液相的蒸气压大，所有的固相全部转化为液相；若低于 T_f，则由液相转变为固相；只有当温度为 T_f 时，固、液两相的蒸气压才是一致的，此时固、液两相可并存，这是纯粹有机化合物有固定而又敏锐熔点的原因。当温度超过 T_f 时，甚至很小的变化，如有足够的时间，固体就可以全部转变为液体。所以要精确测定熔点，在接近熔点时加热速度一定要慢，每分钟温度升高不能超过 2 ℃，只有这样才能使整个熔化过程尽可能接近两相平衡的条件。

一般情况下，将两种熔点相同的化合物混合后测定熔点，如果与原来熔点一致，则

NOTE

认为两种化合物相同(形成固溶体除外);如果熔点下降,则两种化合物不是同一物质。具体操作:将两种化合物按 1：9、1：1、9：1 不同比例混合,分别装入熔点管,同时测定熔点,以测得的结果相比较。注意,也会有两种熔点相同的不同化合物混合后熔点不降低反而升高。尽管混合熔点的测定会有偏差,但对于鉴定大多数有机化合物仍具有很大的实用价值。

2. 测定方法

因熔点测定对有机化合物的研究实用价值很大,如何测出准确的熔点是一个重要问题,目前测定熔点的方法,以毛细管法较为简便,使用也较广泛。放大镜式的微量熔点测定法在加热过程中可观察到晶形变化的情况,且适用于测定高熔点微量化合物,现分别介绍如下。

(1) 毛细管法。

①熔点管的制备:通常用内径约为 1 mm、长为 60～70 mm、一端封闭的毛细管作为熔点管。

②试样的装入:放少许(约 0.1 g)待测熔点的干燥试样于干净的表面皿上,研磨成很细的粉末,堆积在一起,将熔点管开口一端向下插入粉末中,然后将熔点管开口一端朝上轻轻在桌面上敲击,或取一支长为 30～40 cm 的干净玻璃管,垂直于表面皿上,将熔点管从玻璃管上端自由落下,如图 1-2-11 所示,以便粉末试样装填紧密,装入的试样如有空隙则传热不均匀,影响测定结果。上述操作需重复数次,直至样品的高度为 2～3 mm 为止。黏附于管外的粉末必须拭去,以免污染加热浴液。

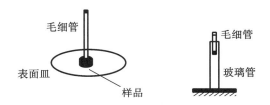

图 1-2-11 样品的装填图示

③测定熔点的仪器:b 形管熔点测定装置。实验室常用 b 形管熔点测定装置(图 1-2-12)来进行测定。测定熔点时,在侧管处加热,利用溶液对流而传温。其优点是构造简单,操作简便,但缺点是温度不均,如果改变温度计和毛细管的位置或加热处,所测得的熔点就有显著差异。具体方法:将 b 形管用有石棉绳的夹子夹住,倒入传温液,其量要视具体情况而定,一般在上侧管之上 1 cm 左右,在管口配一侧旁开有缺口的软木塞。通过软木塞插入温度计,温度计的水银球应在上下两侧管之间(注意:长短适宜,测定熔点时溶液不能浸入毛细管中)。

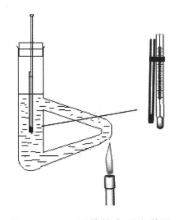

图 1-2-12 b 形管熔点测定装置

④传温液:熔点在 80 ℃ 以下的用蒸馏水;熔点在 200 ℃ 以下的用液体石蜡、浓硫酸和磷酸;熔点在 200～300 ℃ 之间的用 H_2SO_4 和 K_2SO_4(7：3)的混合液,配制时加热 5～10 min 待固体溶解成一均匀混合物,冷却成半固体或固体。此外,甘油、苯二甲酸二丁酯、硅油等也可以采用。

NOTE

33

⑤熔点的测定:前述准备工作完毕,在充足的光线下进行操作。用小火缓缓加热,每分钟升高约 3 ℃,在比被测物的熔点低·10 ℃左右时,向右移动火焰,降低火力使温度每分钟上升 1~2 ℃为宜。注意观察温度上升和毛细管中样品的情况,当毛细管中样品开始塌落、有润湿现象并出现小液滴时,表示样品开始熔化,是初熔,记录温度;继续加热至样品的固体消失成为透明液体时,是全熔,记录温度,两个温度之间即为样品的熔程。

测定已知熔点的样品,应先将传温液加热,温度上升至比实际熔点低约 30 ℃时,将装有样品的毛细管贴附在温度计上,浸入传温液中,继续加热测定熔点。

测未知熔点的样品,一般是先以较快的速度加热,测出样品的粗略熔点,作为参考。待传温液的温度下降约 30 ℃后,新换第二根毛细管,小火加热,再精确测定。

熔点测定,至少要有两次的重复数据。每一次测定必须用新的熔点管重装试样,不得将已测过熔点的熔点管冷却,使其中试样固化后再做第二次测定。因为有时某些化合物部分分解,有些经加热会转变为具有不同熔点的其他结晶形式。

⑥特殊试样熔点的测定:

易升华的化合物:装好试样将上端也封闭起来,熔点管全部浸入加热液中,因为压力对于熔点影响不大,所以用封闭的毛细管测定熔点的影响可忽略不计。

易吸潮的化合物:装样动作要快,装好后立即将上端在小火上加热封闭,以免在测定熔点的过程中,试样吸潮使熔点降低。

易分解的化合物:有的化合物遇热时常易分解,如产生气体、碳化、变色等。由于分解产物的生成,化合物混入一些分解产物的杂质,熔点会有所下降。分解产物生成的多少与加热时间的长短有关,因此,测定易分解样品,其熔点与加热快慢有关,如将酪氨酸慢慢升温,测得熔点为 280 ℃,快速加热测得的熔点为 314~318 ℃。硫脲的熔点,缓慢加热为 167~172 ℃,快速加热则为 180 ℃。为了能重复测得易分解化合物的熔点,常需要做较详细的说明,用括号注明“分解”。

低熔点(室温以下)的化合物:将装有试样的熔点管与温度计一起冷却,使试样结成固体,将熔点管与温度计再一起移至一个冷却到同样低温的双套管中,撤去冷却装置,容器内温度慢慢上升,观察熔点。

(2)利用熔点仪测定熔点。

①实验装置:用毛细管测定熔点,其优点是仪器简单,方法简便,但缺点是不能观察晶体在加热过程中的变化情况。为了克服这一缺点,可用放大镜式微量熔点测定装置,如图 1-2-13 所示。这种熔点测定装置的优点是可测微量及高熔点(室温至 350 ℃)试样的熔点。通过放大镜可以观察试样在加热中的全过程,如结晶物的失水、多晶形物质的晶格转化及分解等。

图 1-2-14 是全自动熔点仪。全自动熔点仪一般是线性升温,满足各项升温选择。它包括多路独立的控温检测系统,可同时测多种不同熔点的样品,而且冷却时间小于 7.5 min,样品测试速度较快。一般带有彩色触摸屏,彩色显示屏实时显示测定样品变化曲线,使用方便。此外,可外接计算机,存储详细实验数据达 1000 条左右。

②实验操作:测熔点时,先将载玻片洗净擦干,放在一个可移动的支持器内,将微量试样研细放在载玻片上(注意:不可堆积)。从孔镜观察晶体外形。使载玻片上试样位于电热板的中心空洞上,用一个盖玻片盖住试样。调节镜头,使显微镜焦点对准

图 1-2-13 显微熔点测定仪

图 1-2-14 全自动熔点仪

试样,打开加热器,用变压器调节加热速度,当温度接近试样熔点时,控制温度上升的速度为每分钟 1～2 ℃。当试样的结晶棱角开始变圆时,开始熔化,结晶形状完全消失即熔化完成。

熔点测定后,冷却,用镊子夹走载玻片,将一厚铝板盖放在加热板上,加快冷却,然后清洗载玻片,以备再用。

(3) 注意事项。

毛细管测定熔点时,需要注意以下几点:①若熔点管不洁净、不干燥,或者试样中含有杂质,所测得的熔点会偏低,熔程变长。②样品必须要研细,装样要实。留有空隙会影响测定结果的准确性。样品量适度,太少不方便观察,太多会造成熔程增大。③熔点管位于 b 形管中部,因为 b 形管中部受侧管内溶液的对流循环作用影响,其温度变化比较稳定。④为避免熔点管被浴液溶胀脱落,固定熔点管的橡胶圈不可浸没在浴液中。⑤已测定过熔点的样品,经冷却固化后,不能用于第二次测定。⑥测试结束后,温度计不要马上用冷水冲洗;浴液冷至室温后再倒回试剂瓶(温差过大可能造成温度计或试剂瓶炸裂)。

(二) 沸点的测定

1. 基本原理

液体的蒸气压与温度有关,随着温度的升高,蒸气压增大,当液体蒸气压与外界大气压相等时,液体就会沸腾,此时的温度称为该液体的沸点。一般所说的沸点是指标准大气压(101.3 kPa 或 760 mmHg)下,液体沸腾时的温度。液体的沸点受外界压力的影响较大,外压降低时,液体沸腾时所需要的蒸气压也会下降,液体沸点也随之降低;反之,若外压升高,液体沸腾时所需要的蒸气压也会增大,液体沸点随之升高。

纯有机化合物液体在一定的压力下具有一定的沸点,一般沸程较短。因此,可通过测定沸点来鉴定有机化合物或判断其纯度。值得注意的是,二元或三元恒沸混合物也有一定的沸点,所以,有固定沸点的化合物不一定都是纯有机化合物。

2. 测定方法

实验室中,沸点的测定方法常用的有两种:常量法和微量法。常量法测定沸点采用的是简单蒸馏装置(图 1-2-15),一般用于样品量较多时;微量法测定沸点常采用 b 形管装置(图 1-2-16),一般用于少量样品的测定。下面重点介绍微量法测定沸点。

微量法测定沸点:取一根小试管(内径为 1～2 cm、长为 7～8 cm)作为沸点管的外管,加入欲测定沸点的样品 4～5 滴,在此管中放入一支内径为 1 mm、长为 5～6 cm 的

NOTE

图 1-2-15 蒸馏装置

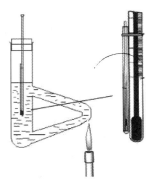

图 1-2-16 微量法测定沸点装置

上端封闭的毛细管,将开口处浸入样品中。把该微量沸点管紧贴于温度计水银球旁,使样品段与温度计水银球相齐,用橡皮圈固定。然后,把沸点管及温度计浸入 b 形管热浴中加热,由于气体膨胀,内管中有小气泡断断续续冒出来,达到样品的沸点时,将出现一连串的小气泡,此时应停止加热,使热浴的温度下降,气泡逸出的速度渐渐减慢,仔细观察,最后一个气泡出现而刚欲缩回内管的瞬间即表示毛细管内液体的蒸气压与大气压平衡时的温度,就是此液体的沸点。第二次测定时,更换沸点管和毛细管后,等待热浴温度下降 30 ℃,再继续测定。重复上述操作测定第三次,求出的平均值即是所测化合物的沸点。

3. 注意事项

(1)为防止液体全部汽化,加热速度不能太快,被测试样的液体不能太少。

(2)正式测定前,尽量排干净沸点管内管里的空气,加热让沸点管内管冒出的大量气泡带出空气。

(3)观察要仔细及时,多重复几次,尽量使误差小于 1 ℃。

(三)旋光度的测定

1. 基本原理

光具有波粒二象性,其前进方向与振动方向垂直。一束光通过 Nicol 棱镜,只有振动方向与棱镜轴平行的光可以通过,通过 Nicol 棱镜的光只会在一个平面内振动,这样的光被称为平面偏振光,简称偏振光。

具有手性的有机化合物,可以使平面偏振光的振动平面旋转一定的角度,该性质被称为物质的旋光性,具有旋光性的物质被称为手性物质或旋光物质。平面偏振光通过旋光性物质所旋转的角度,称为旋光度,用 α 表示。物质的旋光度与溶液的浓度、溶剂、温度、样品管的长度和光的波长等都有关系,测定旋光度时,各相关因素都要表示出来。一个化合物的旋光性常用比旋光度来表示。

$$纯液体的比旋光度 = [\alpha]_D^t = \frac{\alpha}{d \times l}$$

$$溶液的比旋光度 = [\alpha]_D^t = \frac{\alpha}{c \times l}$$

式中,l 为旋光管的长度(即光所通过的液层厚度,单位为 dm);d 为密度;c 为溶液浓度(g/mL)。

有些物质能使偏振光的振动平面向右(顺时针方向)旋转,称为右旋体,以"+"表

 NOTE

示;另一些物质则能使偏振光的振动平面向左(逆时针方向)旋转,称为左旋体,以"一"表示。又由于溶剂能影响旋光度,所以表示比旋光度时通常还需标明测定时所用的溶剂。

2. 旋光仪及其工作原理

旋光度是物质的特性量度之一,通过测定旋光度,可以检测旋光性物质的纯度和含量。测定旋光度的仪器叫旋光仪,如图 1-2-17 所示。

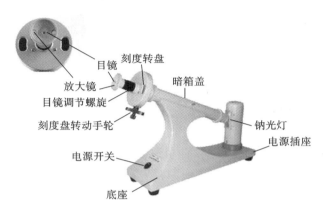

图 1-2-17　目视手动旋光仪

旋光仪的工作原理如图 1-2-18 所示,自单色光源(常用钠光灯)发出的普通单色光首先经聚光镜将散射的光聚集成狭窄的一束平行光,但仍在垂直于光的前进方向的各个方向上振动。经过起偏镜旋转一定角度后,只有沿一个方向振动的光被透过,即变成了偏振光。偏振光通过样品管内的液体后,振动的方向改变了一定角度 α,因而不能透过 Nicol 棱镜,起偏镜与检偏镜轴平行,它是由两块冰晶石或方解石经光学透明的黏合剂黏合而成的,其作用是产生平面偏振光,产生的偏振光经过盛待测液体的样品管,使偏振光向右(或左)偏转角度 α,只有检偏镜也旋转同样的角度,才能使光线透过。但检偏镜是与刻度盘连在一起的,检偏镜的旋转即带动刻度盘一起旋转。目镜中可以看到透过的光线时,刻度盘上的读数就是旋光度。将测得的旋光度与溶液浓度、旋光管长度等数据代入上面公式,即可求得该物质的比旋光度。

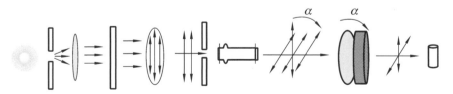

图 1-2-18　旋光仪的工作原理(光路示意图)

3. 操作步骤

(1)溶液样品的配制:准确称取待测样品,放入 100 mL(或其他容量)的容量瓶中,加入溶剂至刻度,一般选择水、乙醇、氯仿等为溶剂。配制的溶液应是透明无杂质的,否则应过滤。

(2)旋光仪预热:接通旋光仪电源,开启开关,大约预热 20 min,使灯光强度稳定。

NOTE

（3）旋光仪零点校正：将旋光管洗净，装上蒸馏水，使液面凸出管口，将玻璃盖沿管口边缘轻轻平推盖好，不能带入气泡，然后旋上螺丝帽盖，使之不漏水，注意不可过紧，以免玻璃管产生扭力使管内有空隙，影响旋光。将已装好蒸馏水的旋光管擦干，放入旋光仪内，罩上盖子。转动刻度盘，旋转粗动、微动手轮，使视场内三部分的明暗相间，界限分明，记下读数，重复操作三至五次，取其平均值。若零点相差太大，则应重新校正。

（4）旋光度的测度：测定之前必须用已配制的溶液洗旋光管两次，以免有其他物质影响。依上法将样品装入旋光管测定旋光度。这时所得的读数与零点之间的差值即为该物质的旋光度。记下样品管的长度及溶液的浓度。然后按公式计算其比旋光度。

（5）全部测定结束后，取出样品管，倒出溶液，用自来水冲洗，再用蒸馏水洗干净，晾干存放，关闭旋光仪电源。

4. 数字自动旋光仪

（1）数字自动旋光仪的构造及工作原理。

数字自动旋光仪采用光电检测和自动伺服机构控制，背光液晶显示，测试数据由数字直接显示，清晰直观，可保存三次复测结果，并计算平均值。自动旋光仪具有稳定可靠，体积小，灵敏度高，人为误差小，读数方便等特点。自动旋光仪的外观如图1-2-19所示，工作原理如图 1-2-20 所示。

图 1-2-19　自动旋光仪

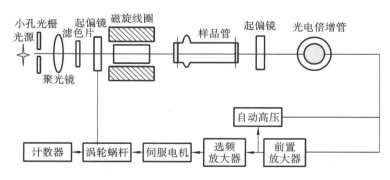

图 1-2-20　自动旋光仪工作原理示意图

（2）自动旋光仪的使用方法。

①仪器预热：打开仪器电源开关，5 min 后向上打开光源开关，使钠光灯在直流下点亮，预热 15 min 使钠光灯波长稳定。

②旋光仪零点校正：洗净旋光管，将管子一端的盖子旋紧，向管内注入蒸馏水或其他空白试剂，把玻璃片盖好，使管内无气泡存在，旋紧套盖，直至不漏水。再用吸水纸

将旋光管和两端的玻璃片擦净,放入旋光仪样品室中,盖上箱盖,按下"测量"键,这时LED数字开始显示,直到数字稳定后,按板面上的"清零"键,显示"0.000"即可。

③样品测定:取出旋光管,倒出蒸馏水,用待测液洗涤 2~3 次。在旋光管中装满待测溶液,把玻璃片盖好,旋紧套盖,直至不漏水。按相同的位置和方向放入样品室内,盖好箱盖,仪器数显窗将显示出该样品的旋光度值。按下板面上的"复测"键,指示灯"2"亮,表示仪器显示第一次复测结果,再次按"复测"键,指示灯"3"亮,表示仪器显示第二次复测结果,按"123"键,可切换显示各次测定的旋光度值。按"平均"键,显示平均值,指示灯"AV"亮。如果一个点只取一个值,可不按"复测"键,直接读数即可。

④关机:仪器使用完毕后,应依次关闭测量、光源开关、电源开关,用毛巾或吸水纸将旋光仪样品室擦拭干净,倒出旋光管中的溶液,拧开两侧的螺丝,依次用自来水、蒸馏水将玻璃管、玻璃片、螺丝、套盖及其他玻璃仪器冲洗干净,放于烘干器上。

⑤注意事项:如果样品超过测量范围,仪器在+45°角处来回振荡。此时,取出旋光管,仪器即自动转回零位。此时,可将试液稀释一倍再测。

钠光灯在直流供电系统出现故障不能使用时,仪器也可在钠光灯交流供电的情况下测试,但仪器的性能可能略有降低。

当放入小角度(小于 5°)时,示数可能变化,这时只要按"复测"按钮,就会出现新数字。

开机后直至实验结束,"测量"键只需按一次,如果误按该键,则停止测量,LED 屏无显示,可再按"测量"键,LED 屏重新显示,此时仪器需要重新校零。

(3)旋光仪的维护。

①旋光仪应该放在通风干燥和温度适宜的地方,以免受潮发霉。对于要求较高的测定物质,最好能在(20±2)℃的条件下进行。因为当温度升高 1°时,旋光度约减少 0.3%。搬动仪器要小心轻放,避免震动。

②旋光仪连续使用时间不宜超过 4 h。如果使用时间较长,中间应关停 10~15 min,待钠光灯冷却后再继续使用,或用电风扇吹灯,减少灯管受热程度,以免亮度下降和寿命缩短。钠光灯积灰或损坏,可打开机壳侧面进行擦净或更换。

③旋光管用后要及时将溶液倒出,用蒸馏水洗涤干净所有部件,用柔软绒布或吸水纸擦干收好。所有镜片均不能用手直接擦拭。

④旋光仪停用时,应将塑料套套上。装箱时,应按固定位置放入箱内并压紧。

三、基本操作

(一)蒸馏

1. 常压蒸馏

(1)基本原理。

所谓蒸馏,就是将液体物质加热到沸腾变为蒸气,又将蒸气冷凝为液体的两个过程的联合操作。

液体物质受热时,分子运动加快,分子从液体表面逸出,且随温度的升高,逸出速度加快。实验证明,液体在一定温度下具有一定的蒸气压,与体系中存在的液体量及蒸气量无关。在大气压下,纯的液体物质有一定的沸点,蒸馏可以将沸点相差 30 ℃以上的混合液体分离。蒸馏时,沸点较低的先蒸出,沸点较高的随后蒸出,难以挥发的物质留在蒸馏瓶内,从而达到分离和纯化的目的。因此,蒸馏是有机化学实验中的重要操作,是分离提纯液体有机物的常用方法之一,必须掌握。

（2）仪器装置。

常压蒸馏装置图及温度计的安装位置如图1-2-21所示。

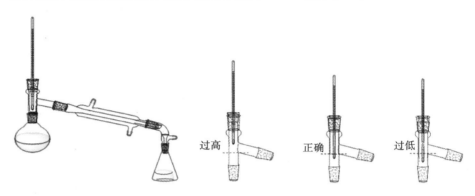

过高　　　　正确　　　　过低

图 1-2-21　常压蒸馏装置图及温度计的安装位置

（3）操作步骤。

①仪器的选择:蒸馏瓶、接收瓶、温度计及冷凝器等,要根据所蒸馏液体的容量、沸点来选择合适的仪器。蒸馏瓶的大小一般选择待蒸馏液体的体积不超过其容量的2/3,也不少于1/3。冷凝管的选择:蒸馏的液体沸点在130 ℃以下时,选择直形冷凝管（对易挥发、易燃液体,冷却水的流速可快一些）;沸点在130 ℃以上时,必须用空气冷凝管。接收瓶可采用圆底烧瓶或三角瓶,使用无支管接液管时,接液管和接收瓶之间不可密封,必须与外界大气相通。

②料液的添加:可以先组装好仪器再添加料液,也可以先加好料液再组装。

先组装好仪器再添加:取下温度计套,在蒸馏头上口放一个长颈漏斗,慢慢将液体倒入蒸馏瓶中（若是液体有干燥剂,则在漏斗口放一点棉花或滤纸过滤）。

先加液体:固定好圆底烧瓶,瓶口放置一个玻璃漏斗（若是液体有干燥剂,则在漏斗口放一点棉花或滤纸过滤）,慢慢将液体倒入漏斗中过滤至玻璃瓶中,再按顺序安装仪器。

③沸石的添加:在已加入待蒸馏液体的圆底烧瓶中加入 2～3 粒沸石,防止蒸馏过程中液体暴沸。沸石是多孔性物质,刚加入液体中时,小孔内有很多气泡,可以将液体内部的气体导入液体表面,形成汽化中心。如果加热中断,再次加热时,因为原来沸石上的小孔已被液体充满,不能再起汽化中心的作用,因此,需要重新添加新的沸石。

④加热蒸馏:通电加热前,先接通冷凝水,并检查仪器装配是否正确,各接口处是否旋紧。打开电热套电源开始加热,随着温度的升高,液体慢慢沸腾,当有馏分开始出现后,调整电热套温度,以蒸馏速度每秒1～2滴为宜。蒸馏时,温度计水银球应始终保持有液滴存在,如果没有液滴,可能是以下两种情况:第一是温度过高,出现了过热现象,温度已经超过了沸点,应该调低加热温度;第二是温度低于沸点,低沸点的成分已经蒸馏完成,导致温度计水银柱骤然下降,气-液相没有达到平衡,应该调高温度。

⑤馏分的收集:用一个已经干燥并称重的容器来接收馏分（产物）,只接收沸程内的液体,温度未达到沸点时蒸出的前馏分以及温度超过沸程后的馏分均不接收,改用其他接收容器接收为宜。一般情况下,沸程越小,所蒸出的液体物质越纯。

⑥蒸馏停止：所需馏分蒸完后，不再蒸馏第二组分，可以停止蒸馏。先关闭电源开关，取下电热套。稍冷，直至馏出物不再流出，关闭冷却水，再按次序取下接收瓶、冷却管、温度计套、蒸馏头和圆底烧瓶。称量、计算产率，并清洗仪器。

如果蒸馏物是易挥发、易燃或有毒的，可在尾接管的支管上接一根橡皮管，通入水槽的下水管内。若温度较高，馏出物沸点较低时，可将接收瓶放在冷水浴或冰水浴中冷却。装置如图1-2-22所示。

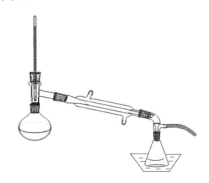

图1-2-22 带冰浴和橡皮管的简单蒸馏装置

（4）注意事项。

①温度计插入的位置：应使水银球的上端与蒸馏瓶支管口的下侧相平，温度计必须插在塞子的正中，勿与瓶壁接触（图1-2-21）。

②每一个接口处的磨口都应该旋紧、密闭。

③被蒸馏液体可用玻璃棒或漏斗加入蒸馏瓶中（如有干燥剂时，需用棉花或滤纸过滤）。

④冷凝器的冷水应由下口（朝下）通入上口（朝上）流出，冷凝水应在加热前通入。

⑤整个装置不能密闭，以免由于加热或有气体产生使瓶内压力增大而发生爆炸。一般冷凝管或尾接管与接收瓶之间不加塞子，若蒸馏液易燃，则采用真空尾接管和磨口仪器作为接收瓶，并在尾接管的侧管上接一橡皮管通入水槽或引到室外（如蒸馏乙醚）；若蒸馏液易吸水，应在接收瓶或连接管的侧管上装一干燥管与大气相通，以防吸收水分。

⑥根据蒸馏液体的沸点来选用适当的加热温度及热源。

2．减压蒸馏

减压蒸馏是目前分离纯化有机化合物常用的重要操作，有的化合物不太稳定，没有达到沸点就已经分解、氧化、聚合，还有的化合物沸点比较高，都不适合采用常压蒸馏，而是采用减压蒸馏。因为减压蒸馏可以通过降低体系内压力，以降低沸点达到蒸馏纯化的目的。

（1）基本原理。

液体表面分子逸出所需要的能量会随外界压力的降低而降低。一般情况下，当压力降低到2.67 kPa（20 mmHg）时，多数有机化合物的沸点比其常压时的沸点降低100℃左右。其沸点与压力的关系可近似地用下列公式求出：

$$\lg p = A + \frac{B}{T}$$

上式中，p是蒸气压，T是沸点（热力学温度），A、B是常数。以$\lg p$为纵坐标，$1/T$

常压蒸馏装置

NOTE

为横坐标,可以近似地得到一条直线。从已知的温度和压力计算出 A 和 B 的值,再将所选择的压力代入上式中即可算出液体的沸点。可以通过图 1-2-23 所示沸点-压力经验计算图近似地推算出高沸点物质在不同压力下的沸点。表 1-2-1 是常见有机物在不同压力下的沸点。

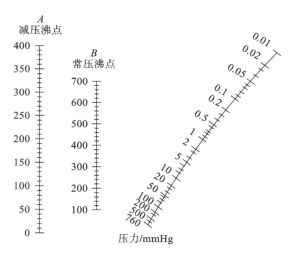

图 1-2-23　液体有机物的沸点-压力经验计算图

表 1-2-1　压力-沸点关系

压力/Pa(mmHg)	沸点/℃					
	水	氯苯	苯甲醛	水杨酸乙酯	甘油	蒽
101325(70)	100	132	179	234	290	354
6665(50)	35	54	95	139	204	225
3999(30)	30	43	84	127	192	207
3332(25)	26	39	79	124	188	201
2666(20)	22	34	75	119	182	194
1999(15)	15	29	69	113	175	186
1333(10)	11	22	62	105	167	175
666(5)	1	10	50	95	156	159

从表 2-1 可以看出,当压力降低时,有机物的沸点都会降低,当压力从一个标准大气压(101325 Pa)降到 2666 Pa 时,氯苯、苯甲醛等有机化合物的沸点基本都降低了 100 ℃左右。当减压蒸馏压力为 1333～1999 Pa 时,压力每相差 1 mmHg(133.3 Pa),沸点相差约 1 ℃。需要减压蒸馏时,可以预先估计出相应的沸点,这对温度计的选择和具体操作都有一定参考价值。

(2)仪器装置。

减压蒸馏装置如图 1-2-24 所示。

蒸馏部分:减压蒸馏的仪器必须是耐压、没有任何裂缝的,以免在蒸馏过程中发生破裂,引起爆炸危险;蒸馏液体不能装得太多(一般占烧瓶体积的 1/3～1/2),以免液体在沸腾过程中冲入冷凝管,一般选择克氏蒸馏瓶或者用圆底烧瓶和克氏蒸馏头组成,

NOTE

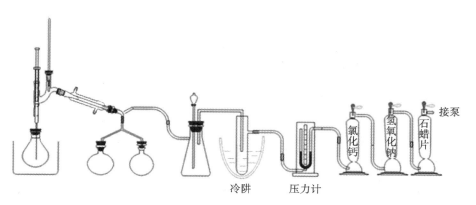

图 1-2-24 减压蒸馏装置

防止暴沸。克氏蒸馏头带侧管的一颈插入温度计(位置与简单蒸馏相同),另一颈插入一根毛细管,毛细管下端距离瓶底 1~2 mm,上端接一短橡皮管且插一根细金属丝(直径约为 1 mm),用螺旋夹夹住橡皮管,调节进入空气的量。

减压抽气时,空气从毛细管进入,成为液体的汽化中心,用以维持平稳的沸腾,同时又起一定的搅拌作用,这样可以防止液体暴沸。如果氧气对蒸馏液有影响,可从毛细管中通入惰性气体(氮气、二氧化碳等)。减压蒸馏的毛细管口要很细,检验毛细管粗细的方法是将毛细管插入少量的乙醚或丙酮内,由另一端吹气,若从毛细管冒出一连串小气泡,即可用。

一般要控制热浴的温度比液体的沸点高 20~30 ℃,要根据蒸出液体的沸点不同而选择合适的冷凝管。

接收瓶一般采用多尾接液管和圆底烧瓶连接,转动多尾接液管,可使不同的馏分进入指定的圆底烧瓶(切不可用平底烧瓶或锥形瓶)。

保护及测压部分:当用油泵进行减压时,为了防止易挥发的有机溶剂、酸性物质和水蒸气进入油泵,必须在馏液接收器与油泵之间顺次安装冷阱和几种吸收塔,以免污染油泵、腐蚀机件致使真空度降低。

在冷阱前安装一个安全瓶。安全瓶一般采用吸滤瓶,壁厚耐压,瓶上配有二通活塞用来调节压力及放气,起缓冲和防止倒吸等作用。

冷阱用来冷凝水蒸气和一些挥发性物质,冷却瓶外用冰-盐混合物冷却(必要时可用干冰-丙酮冷却)。

水银压力计:一般采用 U 形管水银压力计来测量减压系统的压力。在开口式水银压力计中,两臂水银柱高度之差即为大气压力与系统压力之差。在封闭式水银压力计中,两臂液面高度之差即为蒸馏系统中真空度。

吸收塔:常用三个吸收塔。第一个装硅胶或无水氯化钙,用来吸收水蒸气;第二个装粒状氢氧化钠,用来吸收酸性蒸气;第三个装石蜡片,用来吸收烃类气体。

减压部分:减压蒸馏时,通常使用水泵或油泵进行减压。在真空度要求不高时,一般使用水泵,其真空度可达 1067~3333 Pa(8~25 mmHg)。水泵能抽到的最低压力,理论上相当于当时水温下的水蒸气的压力。真空度要求很高时,要使用油泵。油泵的真空度可达 0.1~13 Pa(0.001~0.1 mmHg)。减压系统必须保持密封不漏气,选择合适的橡皮塞和磨口塞,橡皮管要使用厚壁的,实验室也常用旋转蒸发仪来进行减压

NOTE

蒸馏,特别用于回收、蒸发有机溶剂。磨口塞要涂上真空脂。

（3）减压蒸馏操作。

①安装仪器：如图 1-2-24 所示把仪器安装完毕后,先检查系统能否达到所要求的压力,检查方法如下：首先关闭安全瓶上的活塞及旋紧克氏蒸馏头上毛细管的螺旋夹,然后用泵抽气,观察能否达到要求的压力（如果仪器装置紧密不漏气,系统内的真空情况应能保持良好）,然后慢慢旋开安全瓶上的活塞,放入空气,直到内外压力相等为止。如果压力降不下来,应逐段检查,直到符合要求为止。

②加入待蒸馏液体：加入待蒸馏的液体于圆底烧瓶中,其体积不得超过烧瓶容积的 1/2,关闭安全瓶活塞,开动抽气泵,调节毛细管导入空气量,以能稳定地冒出一连串小气泡为宜。

③加热：当达到所要求的压力且稳定时,开始加热（不能直接加热）。液体沸腾后,应调节热源,经常注意压力计上所示的压力,如果与要求不符,则应进行调节,蒸馏速率以每秒 0.5～1 滴为宜。待达到所需的沸点时,更换接收器（用多头接收器）,继续蒸馏。

④结束操作：蒸馏完毕,移去热源,慢慢旋开夹在毛细管上的橡皮管的螺旋夹,并慢慢打开安全瓶上的活塞,平衡内外压力,使压力计的水银柱缓慢地恢复原状（若放开得太快,水银柱会很快上升,有冲破压力计的可能）,待内外压力平衡后才可关闭抽气泵,以免抽气泵中的油反吸入干燥塔。最后按安装的反程序拆除仪器。

（4）旋转蒸发仪。

目前,实验室里大多采用旋转蒸发仪来进行减压蒸馏,装置如图 1-2-25 所示。

图 1-2-25　旋转蒸发仪

旋转蒸发仪由马达、蒸馏瓶、加热锅、冷凝管等部件组成,主要用于减压条件下连续蒸馏易挥发性溶剂,应用于化学、化工、生物医药等领域。

旋转蒸发仪的优点如下。

①旋转蒸发仪都内置一个升降马达,该装置可以在断电的时候自动将烧瓶提升到水浴锅以上的位置。

②由于液体样品和蒸发瓶间的向心力和摩擦力的作用,液体样品在蒸发瓶内表面

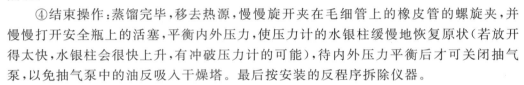

减压蒸馏的操作

NOTE

形成一层液体薄膜,受热面积大。

③样品的旋转所产生的作用力能有效抑制样品的沸腾。鉴于以上特点,现代化的旋转蒸发仪可快速、温和地对绝大多数样品进行蒸馏,即使是没有操作经验的操作者也能完成。

旋转蒸发仪在应用中的弊端如下。

某些样品的沸腾,例如乙醇和水,将导致实验者收集样品的损失。操作时,通常可以在蒸馏过程的混匀阶段通过小心地调节真空泵的工作强度或者加热锅的温度防止沸腾,或者也可以通过向样品中加入沸石。对于特别难以蒸馏的样品,包括易产生泡沫的样品,也可以对旋转蒸发仪配置特殊的冷凝管。

(5)注意事项。

①仪器要耐压,接收瓶不能采用锥形瓶。

②装置要密闭不透气。

③温度计的位置与普通蒸馏装置相同。

④减压毛细管的安装调节要注意,既要有少量空气进入蒸馏瓶,防止蒸馏液冲入冷凝管,又要保证体系内压达到所需要求。

⑤为防止蒸馏液冲出来,蒸馏瓶内的液体为其容量的 $1/3\sim1/2$。

⑥蒸馏完毕后,先打开安全瓶活塞,再关闭抽气泵,防止倒吸。

3. 分馏

两种或两种以上互溶、沸点相差不大的液体组成的溶液,用简单蒸馏难以将其分离和纯化,可采用分馏柱来进行分离和纯化,这种方法称为分馏。精密的分馏设备能够把沸点相差 $1\sim2$ ℃的混合物分开,因此,分馏广泛应用于实验室和化学工业中。

(1)分馏原理。

分馏装置与蒸馏相似,不同之处是使用了分馏柱,使汽化和冷凝的过程由一次改为多次。因此,分馏的基本原理与蒸馏类似,即为多次蒸馏。

沸点相差较大的混合物,可以采用简单蒸馏将各组分较好地分离开。但沸点相差不大的混合物,沸腾时,气相中各组分的物质的量分数相差不大,采用普通蒸馏方法很难把各组分分开。采用分馏能达到有效的分离效果。分馏时在分馏柱中通过多次的部分汽化和冷凝,即混合物通过多次的气-液平衡的热交换产生多次的汽化-冷凝-回流-汽化的过程,最终能有效地分离沸点相近的混合物。

为了讨论方便,设定混合物为二组分的理想溶液。理想溶液指的是各组分在混合时无热效应产生,体积没有变化,遵守拉乌尔定律(Raoult law)的溶液。这时,溶液中每一组分的蒸气压等于此纯物质的蒸气压和它在溶液中物质的量分数的乘积。

$$p_A = p_A^* x_A \qquad p_B = p_B^* x_B$$

式中,p_A、p_B 分别为溶液中 A、B 的分压;p_A^*、p_B^* 分别为纯 A 和纯 B 的蒸气压;x_A、x_B 分别为 A 和 B 在溶液中的物质的量分数。

溶液的总蒸气压:$p = p_A + p_B$

根据道尔顿(Dalton)分压定律,气相中每一组分的蒸气压和它的物质的量分数成正比。所以在气相中各组分蒸气的成分为

$$x_A^气 = \frac{p_A}{p_A + p_B} \qquad x_B^气 = \frac{p_B}{p_A + p_B}$$

NOTE

从上式可以推知,组分 B 在气相中的相对物质的量分数为

$$\frac{x_B^{气}}{x_B} = \frac{p_B}{p_A + p_B} \cdot \frac{p_B^*}{p_B} = \frac{1}{x_B + \frac{p_A^*}{p_B^*} x_A}$$

溶液中 $x_A + x_B = 1$,若 $p_A^* = p_B^*$,则 $\frac{x_B^{气}}{x_B} = 1$,表明这时液相成分和气相成分相等。

所以 A 和 B 不能用蒸馏(或分馏)的方法进行分离。如果 $p_B^* > p_A^*$,则 $\frac{x_B^{气}}{x_B} > 1$,表明沸点较低的 B 在气相中的物质的量分数比液相中大(当 $p_B^* < p_A^*$ 时,可进行类似的讨论),此蒸气冷凝后所得到的液体中,B 的组分比在原来的液体中多,如果将所得的液体再进行汽化、冷凝,B 组分的物质的量分数又会有所提高,如此多次反复,最终即可将两组分分开(能形成共沸混合物者除外)。分馏就是借分馏柱来实现这种多次反复的蒸馏过程。

(2)分馏装置。

实验室常用简单分馏装置如图 1-2-26 所示。整套装置包括热源(电热套)、蒸馏瓶、分馏柱、冷凝管和接收瓶五个部分。

分馏柱主要是一根长的直玻璃管,柱身为空管或在管中填以特制的填料,其目的是增大气液接触面积以提高分离效果。在同一分馏柱不同高度的各段,其组分是不同的,相距越远,组分的差别越大。

图 1-2-26　分馏装置(省去热源)

(3)影响分馏效果的因素。

分馏柱效率的高低,主要是由该柱的理论塔板数、理论板层高度、滞留液量、回流比、压力降差和蒸发速度等因素进行综合权衡。

理论塔板数　一个理论塔板是指分馏柱中一次汽化与冷凝的热力学平衡过程,相当于一次普通蒸馏的理论浓缩。理论塔板数的多少是衡量分馏柱优劣的重要标志。柱子的理论塔板数越多,分离的效果越好。

理论板层高度(HETP 值)　HETP 表示一个理论塔板在分馏柱中的有效高度。一个 HETP 等于全回流时柱的理论塔板数分馏柱的有效高度,在高度相同的分馏柱中,HETP 值越小,柱的分离效率越高。

蒸发速度　单位时间内达到分馏柱顶的被蒸馏物质的体积,用 mL/min 表示。

滞留液量　滞留液又称为附液(或操作含量)。分馏时,留在柱中(包括填料上)液体的量,滞留液越少越好,最大一般不超过任一被分离组分体积的 10%。

压力降差　分馏柱上下两端的蒸气压力差,它表示分馏柱的阻力大小;它取决于分馏柱的大小、填料和蒸发速度。压力降差越小越好。

回流比　单位时间内,柱顶冷凝返回柱中液体的量与收集到的馏出液的体积比称为回流比。回流比越大,分馏效率越高。但回流比太大,则收集的液量少,分馏速度慢。所以要选择适当的回流比,在实验室中一般选用回流比为理论塔板数的 1/10～1/5。

(4)注意事项。

①分馏时控制好反应温度,缓慢进行,尽量控制恒定的蒸馏速度。

②要选择合适的回流比,保证有足够量的液体从分馏柱回流至蒸馏瓶。

③要尽量减少分馏柱的热量散失和波动,可用石棉绳包扎分馏柱或控制加热速度。

4. 水蒸气蒸馏

水蒸气蒸馏是用来分离纯化有机化合物的重要方法之一,主要用来蒸馏一些难溶于水,但具有一定挥发性的物质。能通过水蒸气蒸馏来分离纯化的物质必须具备以下特点:第一,在水中溶解度很小或不溶于水,如果可溶于水,会导致蒸气压显著下降,不容易蒸出;第二,在热水中比较稳定,即使与水长时间共沸,也不发生化学反应;第三,在水沸腾(100 ℃左右)时,蒸气压不小于 1333.22 Pa(或 10 mmHg)。水蒸气蒸馏可用于下列几种情况:①反应混合物中含有大量不挥发性杂质或树脂状杂质;②难挥发物质中含有易挥发的有机物需要除去;③分离被固体吸附的液体物质;④对热不太稳定的化合物,达到沸点时容易被破坏的有机化合物。

(1)基本原理。

根据道尔顿分压定律,当水和不溶于水的化合物一起存在时,整个体系的蒸气压为各组分蒸气压之和。即 $p = p_A + p_B$,p 为总蒸气压,p_A 为水的蒸气压,p_B 为不溶于水的化合物的蒸气压。当混合物中各组分的蒸气压总和等于外界大气压时,混合物开始沸腾。沸腾时的温度称为混合物的沸点。因此,混合物的沸点将比任一组分的沸点都低,常温下利用水蒸气蒸馏,可以将高沸点组分在 100 ℃以下与水一起蒸馏出。蒸馏混合物时,混合物的沸点保持不变,直至某一组分全部蒸出。混合物蒸气压中各气体分压之比等于其物质的量之比。

$$\frac{n_A}{n_B} = \frac{p_A}{p_B}$$

式中,n_A 为蒸气中含有的 A 的物质的量,n_B 为蒸气中含有的 B 的物质的量。其中:

$$n_A = \frac{m_A}{M_A} \qquad n_B = \frac{m_B}{M_B}$$

式中,m_A、m_B 为 A、B 在容器中蒸气的质量,M_A、M_B 为 A、B 的摩尔质量。

由上式可得到:

$$\frac{m_A}{m_B} = \frac{M_A}{M_B} \times \frac{n_A}{n_B} = \frac{M_A}{M_B} \times \frac{p_A}{p_B}$$

从上式可看出,两种组分在馏出液中的相对质量,与它们的蒸气压和摩尔质量的乘积成正比。

(2)仪器装置。

水蒸气蒸馏装置如图 1-2-27 所示,由水蒸气发生器和蒸馏装置两部分组成。

水蒸气发生器:水蒸气发生器通常是用铜皮或薄铁板制成的圆筒状釜,见图 1-2-28,釜内侧面装有一根竖直的玻璃管,玻璃管两端与釜体相连通,通过玻璃管可以观察釜内的水面高低,称为液面计。另一侧面有蒸气的出气管。釜顶开口处插入一支竖直的玻璃管,也称安全管,可根据安全管内水面的升降情况来判断蒸馏装置内的压力情况。安全管要插入水面以下,但不能触底,当容器内气压过高时,水便沿玻璃管上升;如系统堵塞,水便从安全管上口喷出。水蒸气发生器可以用短颈圆底烧瓶代替。

蒸馏装置:蒸馏装置由蒸馏瓶、V 形导管、直形冷凝管、尾接管和接收瓶组成。为

47

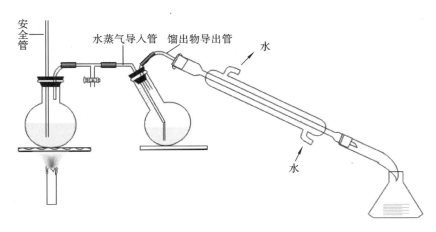

图 1-2-27　水蒸气蒸馏装置

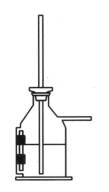

图 1-2-28　水蒸气发生器

了避免飞溅的液体泡沫被蒸气带进冷凝管中,蒸馏瓶常选用长颈圆底烧瓶或三颈烧瓶,安装的时候要有一定的倾斜角度(约 45°),瓶内液体量不超过容量的 1/3。V 形管的作用在于避免由于蒸馏时液体跳动十分剧烈而引起液体从导出管冲出,污染馏出液。水蒸气蒸馏时混合蒸气的温度一般为 90~100 ℃,故选用直形冷凝管。接收瓶可以是锥形瓶或圆底烧瓶等。导入水蒸气的导入管应插至蒸馏瓶接近瓶底处。

水蒸气发生器与水蒸气导入管之间由一个 T 形三通管连接,通过调节螺旋夹的开关以防止蒸馏液倒吸。T 形管一般为直角三通管,管口分别与水蒸气发生器和蒸馏装置相连接,第三口向下安装,与螺旋夹(止水夹)相配套。安装时应注意使靠近水蒸气发生器的一端稍稍向下倾斜,连接蒸馏瓶的一端则稍稍向上倾斜,使蒸气在导入管中受冷而凝成的水能流回水蒸气发生器中而不是流入蒸馏瓶中,这样可以避免蒸馏时,蒸馏瓶中水过多。此外,连接 T 形管的乳胶管应尽可能短一些,以避免蒸气在进入蒸馏瓶之前有过多水蒸气冷凝。T 形管向下的一端套有一段橡皮管,橡皮管上配以螺旋夹。打开螺旋夹即可放出在导管中冷凝下来的积水。若体系发生堵塞、蒸馏结束或需要中途停止蒸馏时,打开螺旋夹可平衡系统内外压力,还可避免蒸馏瓶内的液体倒吸入水蒸气发生器中。

(3) 基本操作。

按从左到右、从下到上的操作顺序安装好装置后,烧瓶内加入待分离的混合液。打开 T 形管上的螺旋夹,打开加热装置,加热水蒸气发生器。水沸后,冷凝管内通入冷水,将螺旋夹夹紧,使水蒸气均匀地进入圆底烧瓶。为了使蒸气不至在烧瓶中冷凝而积聚过多,必要时可在烧瓶下置一石棉网,用小火加热。必须控制加热速率使蒸气能全部在冷凝管中冷凝下来。如果随水蒸气挥发的物质具有较高的熔点,在冷凝后易析出固体,则应调小冷凝水的流速使其保持液态。若已有固体析出,并且接近阻塞时,可暂时关闭冷凝水,甚至需要将冷凝水暂时放出,以使物质熔融后随水流入接收瓶中。必须注意当冷凝管中重新通入冷却水时,速度要慢,以免冷凝管因骤冷而破裂。万一冷凝管已被阻塞,应立即停止蒸馏并设法疏通(如用玻璃棒将阻塞的晶体捅出或在冷凝管中通入热水使之熔出)。

(4) 注意事项。

①蒸馏过程要注意安全管中的水位变化。若安全管中水位急剧上升,说明蒸馏装置内压力过大,发生了堵塞,应暂停蒸馏,检查原因并处理后,重新开始蒸馏。

②蒸馏时应先打开螺旋夹,待 T 形管开口处有水蒸气冲出时再夹上开始蒸馏。

③当蒸馏完毕或中途需要中断时,一定要先打开螺旋夹接通大气,然后方可停止加热,以免蒸馏瓶内的液体倒吸入水蒸气发生器中。

④要控制好加热速度和冷却水流速,使蒸气在冷凝管中完全冷却下来。当蒸馏物为较高熔点的有机物时,常在冷凝管中析出固体。此时,应暂时关闭冷却水,让热蒸气促使固体熔化进入接收瓶中。当重新开通冷却水时,要缓慢小心,防止冷凝管因骤冷破裂。

⑤若蒸馏瓶中积水过多,可适当加热减少一部分水。

(二) 回流

在室温下有些反应速率很慢、难以进行,为加快反应速率,需要保持加热沸腾使反应物充分反应,为了不损失溶剂或者反应物,应当安装冷凝管使蒸气冷凝回到反应器中,这样循环反复的汽化-液化过程称为回流。回流是有机化学实验中的基本操作之一,大多数的有机化学反应都是在回流条件下完成的。

常用的回流装置一般由热源、烧瓶和回流冷凝管组成,如图 1-2-29 所示。

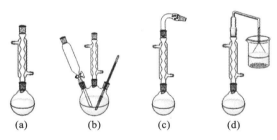

(a)　　　　(b)　　　　(c)　　　　(d)

图 1-2-29 回流装置

加热方式的选择可根据反应需要的温度和回流物质的特性决定,一般加热温度在 80 ℃ 以下用水浴,温度在 80 ℃ 以上用油浴、液体石蜡等。目前,实验室中常用的电热套,基本能满足有机化学实验所需的温度。容器常选择圆底烧瓶,也可用平底烧瓶、锥形瓶等。容器的容积根据回流液体的体积进行选择,一般液体的体积在容器体积的 1/3~2/3 之间。冷凝管根据回流液体的沸点进行选择,可选择球形、蛇形、空气冷凝管等。由于在回流过程中,蒸气的方向和冷凝水的流向一致,不符合"逆流"原则,冷凝管需要提供较大的内外温差。一般蛇形冷凝管应用于 50~100 ℃,球形冷凝管应用于 50~160 ℃,空气冷凝管应用于 130 ℃ 以上。由于球形冷凝管适用的温度范围广、冷却效果好,常用于回流操作,所以通常把球形冷凝管称为回流冷凝管。

1. 加热回流

在有机实验中,常用的回流装置由热源、烧瓶和回流冷凝管组成,也可和其他附加装置联合使用。

加热回流装置常用于合成、中药或天然产物的提取,在提取中适用于遇热不会发

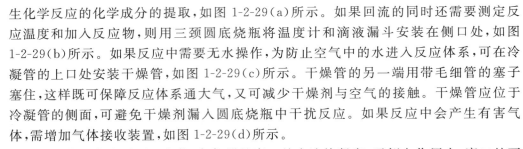

生化学反应的化学成分的提取,如图 1-2-29(a)所示。如果回流的同时还需要测定反应温度和加入反应物,则用三颈圆底烧瓶将温度计和滴液漏斗安装在侧口处,如图 1-2-29(b)所示。如果反应中需要无水操作,为防止空气中的水进入反应体系,可在冷凝管的上口处安装干燥管,如图 1-2-29(c)所示。干燥管的另一端用带毛细管的塞子塞住,这样既可保障反应体系通大气,又可减少干燥剂与空气的接触。干燥管应位于冷凝管的侧面,可避免干燥剂漏入圆底烧瓶中干扰反应。如果反应中会产生有害气体,需增加气体接收装置,如图 1-2-29(d)所示。

加热回流装置

回流装置应自下而上安装,各仪器的磨口处应连接紧密、无侧向作用力,磨口处不需涂凡士林,避免加热过程中热熔流入反应瓶中。固体反应物应在安装装置前加入反应瓶中,液体反应物可以安装完毕后从冷凝管上口或滴液漏斗加入。为了防止过热、暴沸,回流时应加入沸石,若反应中有机械搅拌,则不用加沸石。沸石在安装装置前加入,不能在装置安装好后从冷凝管口加入。安装好装置后,开启冷凝水后,开始加热。回流过程中,为了使挥发性物质能充分冷凝下来,沸腾不能过于剧烈,冷凝管中的蒸气上升高度不能超过有效长度的 1/3。回流时间的记录从冷凝管管口有第一滴滴液开始。回流结束时,先移开热源,待冷凝管管口没有滴液时关闭冷凝水,拆除装置。

2. 连续加热回流

连续加热回流提取多采用脂肪提取器或索氏(Soxhlet)提取器来提取物质,利用溶剂回流和虹吸原理,使固体物质每一次都能被新鲜的溶剂提取,所以提取效率较高,节约溶剂。但加热时间长,受热易分解或变色的物质不宜采用;高沸点溶剂采用此法进行提取也不合适。

连续加热回流装置

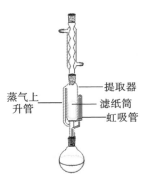

蒸气上升管
提取器
滤纸筒
虹吸管

图 1-2-30 连续回流提取装置

连续回流提取装置一般由热源、烧瓶、索氏提取器、回流冷凝管组成,如图 1-2-30 所示。提取前应先将固体物质研磨细,以增加液体浸溶的面积。然后将固体物质放入滤纸筒内(将滤纸卷成圆柱形,直径略小于提取筒的内径,下端固定紧),轻轻压实,上盖一小圆滤纸片。烧瓶内加入溶剂,装上回流冷凝管,开始加热。当溶剂加热沸腾后,蒸气通过导气管上升,被冷凝为液体滴入索氏提取器中。随着溶剂的增多,当液面超过虹吸管最高处时,即发生虹吸现象,溶液回流入烧瓶,可提取出溶于溶剂的部分物质。就这样利用溶剂回流和虹吸作用,使固体中的可溶物富集到烧瓶内。

(三) 萃取

萃取是有机物提取、纯化的重要手段之一。萃取的方法可用于从固体或液体混合物中提取所需要的化合物。下文主要介绍液-液萃取、固-液萃取、超临界萃取。

1. 基本原理

利用化合物在两种互不相溶(或微溶)的溶剂中溶解度和分配系数的不同,化合物可以从一种溶剂中转移到另一种溶剂中。经过多次反复操作,将绝大部分化合物提取出来。

萃取的主要理论依据是分配定律。即物质在不同的溶剂中的溶解度不同,若在两种互不相溶的溶剂中加入某种可溶性的物质,它能分别溶解于这两种溶剂中。实验证

NOTE

明,在一定温度下,该化合物与这两种溶剂不发生分解、电解、缔合和溶剂化等作用时,此化合物在这两种溶液中具有一定的比值。不论加入物质的量是多少,比值都不会改变。用公式表示:

$$K = \frac{c_A}{c_B}$$

式中 K 是常数,称为分配系数;c_A,c_B 分别表示一种化合物在两种互不相溶的溶剂中的质量浓度。

有机化合物在有机溶剂中的溶解度比在水中大,用有机溶剂提取溶解于水的有机化合物是萃取的典型实例。在萃取时,可利用盐析效应,即在水溶液中加入一定量的电解质(如氯化钠),降低有机化合物和萃取溶剂在水溶液中的溶解度,可提高萃取效果。

若要把所需要的化合物从溶液中完全萃取出来,通常萃取一次是不够的,必须重复萃取操作。利用分配定律,可以算出经过萃取后化合物剩余的量。

例如:假设 V 为原溶液的体积,m_0 为萃取前化合物的总量,m_1 为萃取一次后化合物剩余的量,m_2 为萃取两次后化合物剩余的量,m_n 为萃取 n 次后化合物剩余的量,V_e 为萃取溶剂的体积。

经一次萃取,原溶液中该化合物的质量浓度为 m_1/V,而萃取溶剂中该化合物的质量浓度为 $(m_0 - m_1)/V_e$;两者之比等于 K,即

$$K = \frac{m_1/V}{(m_0 - m_1)/V_e}$$

整理后

$$m_1 = m_0 \frac{KV}{KV + V_e}$$

同理,经两次萃取后,则有

$$K = \frac{m_2/V}{(m_1 - m_2)/V_e}$$

即

$$m_2 = m_1 \frac{KV}{KV + V_e} = m_0 \left(\frac{KV}{KV + V_e} \right)^2$$

因此,经 n 次萃取后

$$m_n = m_0 \left(\frac{KV}{KV + V_e} \right)^n$$

当用一定量溶剂萃取时,希望化合物在水中的剩余量越少越好。而上式中 $\frac{KV}{KV + V_e}$ 总是小于 1,所以 n 越大,m_n 就越小。也就是说把溶剂分成数份做多次萃取比用全部量的溶剂做一次萃取好。但应注意,上面的公式适用于和水几乎不互溶的溶剂,例如苯、四氯化碳等。而与水微溶的溶剂,如乙醚,上面公式只是近似的,但还是可以定性地估算出预期的结果。

例如:100 mL 水中含有 4 g 正丁酸,在 15 ℃时用 100 mL 苯萃取。已知 15 ℃时正丁酸在水和苯中的分配系数为 1/3。用 100 mL 苯一次萃取后正丁酸在水中的剩余量为

$$m_1 = 4 \text{ g} \times \frac{1/3 \times 100 \text{ mL}}{1/3 \times 100 \text{ mL} + 100 \text{ mL}} = 1.0 \text{ g}$$

如果将 100 mL 苯分为三次萃取,则剩余的量为

$$m_3 = 4\ \text{g} \times \left(\frac{1/3 \times 100\ \text{mL}}{1/3 \times 100\ \text{mL} + 33.3\ \text{mL}} \right)^3 = 0.5\ \text{g}$$

从上面的计算可以看出 100 mL 苯一次萃取可提取出 3 g(75%)的正丁酸,而分三次萃取时则可提取出 3.5 g(87.5%)的正丁酸。所以用相同体积的溶剂,分多次萃取比一次萃取的效果好得多。但当溶剂的总量不变时,萃取次数 n 增加,则 V_e 减少。例如:当 $n=5$ 时,$m_5=0.38$ g,$n>5$ 时,n 和 V_e 这两个因素的影响几乎相互抵消。再增加 n,$m_n/(m_n+1)$ 的变化就很小,通过实际运算也可证明这一点。所以一般相同体积溶剂分为 3~5 次萃取即可。

上面的结果也适用于由溶液中除去(或洗涤)溶解的杂质。

2. 液-液萃取

在分离液体混合物中的某种组分时,选定的溶剂必须与被萃取的混合液体不相溶,而对所要分离的组分溶解度较大,并且具有好的热稳定性和化学稳定性,毒性小。例如:用苯萃取煤焦油中的酚,用有机溶剂萃取石油馏分中的烯烃,用石油醚萃取水中的挥发油成分等。

(1)间歇多次萃取。

通常用分液漏斗来进行液-液萃取。在萃取前,活塞用凡士林处理,必须事先检查分液漏斗的塞子和活塞是否严密,以防分液漏斗在使用过程中发生泄漏而造成损失(检查的方法,通常先用溶剂试验)。

在萃取时,先将液体与萃取用的溶剂从分液漏斗的上口倒入,塞好塞子,振摇分液漏斗使两层液体充分接触。

振摇的操作方法一般是先把分液漏斗倾斜,使漏斗的上口微微朝下,右手捏住上口的颈部,并用食指根部压紧盖子,以免盖子松开;左手握住活塞,既要防止振摇时活塞转动或脱落,又要便于灵活地旋开活塞(图 1-2-31),振摇后漏斗仍保持倾斜状态,旋开活塞,放出蒸气或产生的气体,使内外压力平衡。若使用易挥发的溶剂,如乙醚、苯或碳酸钠溶液中和酸液,振摇后更应注意及时旋开活塞,放出气体;振摇数次后,将分液漏斗放在铁圈上,静置,使乳浊液分层。

振摇   放气

图 1-2-31   分液漏斗的振摇和放气

待分液漏斗中的液体分成清晰的两层以后,就可以进行分离。分离液层时,下层液体经活塞放出,上层液体应从上口倒出。如果上层液体也经活塞放出,则漏斗基部附着的残液就会将上层液体污染。分离后再将液体倒回分液漏斗中,用新的萃取溶剂继续萃取。萃取次数取决于分配系数,一般为 3~5 次。合并所有萃取液,加入适当干燥剂进行干燥,再蒸发除去溶剂,根据萃取后所得有机化合物的性质确定进一步的纯化方法。

NOTE

（2）注意事项。

①使用前必须对分液漏斗进行检漏，不能拿来就用。

②振摇时应该如图 1-2-31 所示那样操作，而不能用手抓住分液漏斗垂直振摇。

③静置时分液漏斗必须放在铁圈上，而不是用手拿着。

④液体分层完全后才能开始分液，放液不能太快；分液时，不能使液面分层不清晰，否则分离不完全。

⑤分液漏斗内与大气必须相通，否则，放液过程中可能出现气泡或液体流不下来。

⑥上层液体必须从上口倒出，不能从下口放出。

（3）盐析。

对于易溶于水而难溶于盐类水溶液的物质，在其水溶液中加入一定量盐类，可降低该物质在水中的溶解度，这种作用称为盐析（加盐析出）。

通常用作盐析的盐类有 $NaCl$、KCl、$(NH_4)_2SO_4$、NH_4Cl、Na_2SO_4、$CaCl_2$。

可盐析的物质：有机酸盐、蛋白质、醇、酯、磺酸等。

萃取时常利用盐析效应增加萃取效率，同时也能减少溶剂的损失。例如：用乙醚萃取水溶液中的苯胺，若向水溶液中加入一定量的 $NaCl$，既可提高萃取效率，也能减少醚溶于水的损失。

（4）连续萃取。

连续萃取的方法实验室也常采用。当有些化合物在原有溶剂中比在萃取溶剂中更易溶解时，必须使用大量溶剂进行多次萃取才行，若用间断多次萃取操作，不仅效率低，而且操作烦琐、损失较大。为了提高萃取效率，减少溶剂用量和被纯化物的损失，可采用连续萃取装置，使溶剂在进行萃取后能自动流入加热器，受热汽化，冷凝变为液体再进行萃取，如此循环即可萃取出大部分物质。此法萃取效率高、溶剂用量少、操作简便、损失较小。连续萃取时，根据所用溶剂的相对密度小于或大于被萃取溶液相对密度的条件，应采取不同的实验装置，如图 1-2-32 所示。

萃取操作

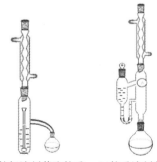

(a)较轻溶剂萃取较重　(b)较重溶剂萃取较轻
溶液中物质的装置　　溶液中物质的装置

图 1-2-32　连续萃取装置

3. 固-液萃取

用溶剂分离固体混合物中的组分，如用水浸取甜菜中的糖类，用乙醇从中药中浸取有效成分等。

（1）长期浸泡法。

将固体样品装在容器中，加入适量溶剂浸渍一段时间，反复数次，合并浸出液，减压浓缩。药厂常用此法萃取，但效率不高，时间长，溶剂用量大，实验室不常采用。在

NOTE

中药或药物提取过程中,也称为冷浸法。

（2）回流提取法。

以有机溶剂作为提取溶剂,安装回流装置进行加热回流,可反复多次,但每次提取后需要过滤,再用新鲜溶剂进行提取,合并几次的提取液,减压回收溶剂。

（3）连续回流提取法。

以有机溶剂作为提取溶剂,安装连续回流装置进行加热回流,提取时间长,但提取后不需要过滤每次与药材作用的溶剂。

（4）渗漉法。

使用溶剂不断地通过药材粉末,由于带有溶出成分的溶剂比重大,新加入的溶剂比重小,造成一定的浓度差,扩散较好,浸出率高,但溶剂消耗量大、费时长。

4. 超临界流体萃取

超临界流体萃取（supercritical extraction）是指以超临界流体（supercritical fluid, SCF）为萃取剂的萃取分离技术。近年来,该技术广泛应用于中草药有效成分的提取。据文献报道,该技术可用于生物碱、醌类、香豆素、木脂素、黄酮类、皂苷类、挥发油等中药有效成分的提取,仪器如图 1-2-33 所示。

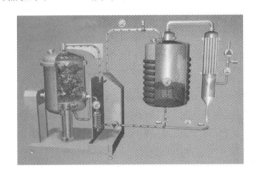

图 1-2-33　超临界流体萃取仪器

（1）基本原理。

超临界流体对某些特殊化学成分具有特殊溶解作用,可利用压力和温度对超临界流体溶解能力的影响进行萃取。超临界流体指温度、压力分别处于临界温度（T_c）、临界压力（p_c）以上的流体。与常温常压下的气体和液体比较,超临界流体的密度接近于液体,能较好地溶解溶质;而黏度近似于气体,易于扩散和运动,传质速度大大高于液相。能作为超临界流体的化合物有 CO_2、NH_3、CH_4、H_2O 等。其中最常用的是 CO_2,因其具有适合的临界点数据,即临界温度为 31.06 ℃,接近室温;临界压力为 7.39 MPa,比较适中;临界密度为 0.448 g/cm³,是常用超临界流体中最高的（合成氟化物除外）,具有较好的溶解能力。CO_2 性质稳定无毒、不易燃易爆、价格低廉,因此是最常用的超临界流体。

（2）萃取装置。

一般由四个基本部件构成,即萃取釜、减压阀、分离釜和加压泵,如图 1-2-34 所示。

将原料药装入萃取釜,CO_2 气体经热交换器冷凝成液体,用加压泵使压力增加（高于 CO_2 的临界压力）,同时调节温度,使其成为超临界流体。从萃取釜底部进入,进行萃取。萃取后的流体经减压阀压力降至 CO_2 临界压力以下,进入分离釜中,提取出的成分溶解度急剧下降而析出,可定期从釜底放出;CO_2 气体可循环使用。

NOTE

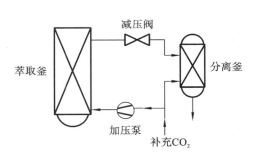

图 1-2-34 超临界 CO_2 流体萃取装置示意图

（3）超临界 CO_2 流体萃取的优缺点。

与常规的萃取方法比较,超临界 CO_2 流体萃取具有以下优点:①CO_2 无色、无味、无毒。全过程不用有机溶剂,无溶剂残留,减少对人体的毒害和对环境的污染,绿色环保。②萃取温度接近室温,适用于提取预热易变化的物质和芳香性物质,可避免常规提取过程可能产生的分解、形成复合物沉淀等,能最大限度地保持各组分的原有特性。③超临界 CO_2 的溶解能力和渗透能力强,扩散速度快,且是在连续动态条件下进行,萃取出的产物不断被带走,能提取得较完全。④可以根据被提取物质的性质,通过改变温度和压力以及加入夹带剂,进行高选择性的提取。⑤集萃取和分离于一体,即当饱含溶解物的 CO_2 流经分离器时,由于压力下降 CO_2 与萃取物迅速分成气-液两相而立即分开,不仅能耗较少、节约成本,耗时也短。⑥同其他色谱技术及分析技术联用,能够实现中药有效成分的高效、快速、准确分析。⑦CO_2 流体与其他超临界流体相比,临界压力适中,使用压力范围有利于工业化生产。

但是,超临界流体萃取技术也有其自身局限性。例如:设备的安装、使用、维护的工程技术要求较高,投资较大;由于 CO_2 的非极性和相对分子质量小的特点,对于强极性和相对分子质量大的成分难以进行有效的提取,尽管可以通过添加夹带剂来改善萃取效果,但与传统方法相比,优势不再明显,甚至不如传统的提取方法;超临界流体的研究基础较薄弱,还有大量的研究基础和化学工程方面的问题需要解决;该技术用于复方提取的方法和效率需进一步研究和探讨。

（四）升华

升华是纯化固体有机物的一种手段,它只适用于具有升华性的固体有机物的分离。它是指直接由固体受热汽化成为蒸气,然后由蒸气又直接冷凝为固体的过程。

1. 基本原理

某些物质在固态时具有较高的蒸气压,受热后不经过液态而直接汽化,蒸气受冷又直接变回固体,这个过程称为升华。利用这种升华特性可以实现固体物质的纯化。

物质的固、液、气三相平衡曲线如图1-2-35所示,从此图可得到控制升华的条件。图中 ST 表示固相与气相平衡时固相的蒸气压曲线,TW 表示液相与气相平衡时液相的蒸气压曲线,TV 表

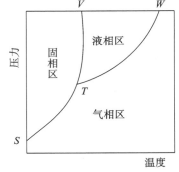

图 1-2-35 物质的固、液、气三相平衡曲线图

示固相与液相平衡时固相的蒸气压曲线,三条曲线相交于 T 点,T 称为三相点。在此温度和压力下,固、液、气三相处于平衡状态。在三相点温度以下,物质只有气、固两相。升高温度,固相直接转变成气相,降低温度则气相直接转变成固相。

因此,凡是在三相点以下具有较高蒸气压的固态物质都可以在三相点温度以下进行升华操作。不同固体物质由于三相点下的蒸气压不同,升华的难易程度也不同。例如:蒽醌和樟脑的蒸气压和温度的关系见表 1-2-2。

表 1-2-2　蒽醌和樟脑的蒸气压和温度的关系

樟脑(熔点为 176 ℃)		蒽醌(熔点为 285 ℃)	
温度/℃	蒸气压/mmHg	温度/℃	蒸气压/mmHg
20	0.15	200	1.8
60	0.55	220	4.4
80	9.15	230	7.1
100	20.05	240	12.3
120	48.10	250	20.0
160	218.40	260	52.6

樟脑的三相点温度为 179 ℃,压力为 370 mmHg。由上表可见,樟脑在熔点之前,蒸气压已相当高,例如:160 ℃时,蒸气压为 29.1 kPa(218.4 mmHg),只要缓慢地加热,使温度维持在 179 ℃以下,它就可以直接升华,蒸气遇到冷的表面就凝结在上面,这样蒸气压始终维持在 370 mmHg 至升华完全。如果加热过快,当蒸气压超过三相点的平衡压时,则会熔化为液体,所以升华时应缓慢加热。

升华特别适用于纯化易潮解或与溶剂会发生解离作用的物质。

在实际应用中,升华只能用于在不太高的温度下具有较大蒸气压(在熔点前高于 2.67 kPa)的固体物质。升华产物纯度较高,但操作时间长、损失较大,因此具有一定的局限性。

2. 基本操作

(1) 常压升华。

常用的常压升华装置如图 1-2-36(a)所示。由于升华发生在物质的表面,待升华物质应预先碾碎。还须注意冷却面与升华物质应尽可能近些。

图 1-2-36(a)所示的操作中,首先将待升华物质均匀地铺于蒸发皿中,上面覆盖一张带有些许小孔的滤纸(毛面朝上),然后将一个大小合适的玻璃漏斗盖在滤纸上,漏斗颈部塞一些棉花或玻璃毛,防止蒸气逸出,造成损失。为加热均匀,蒸发皿可放在铁圈上,下面垫石棉网用小火加热(蒸发皿与石棉网之间隔开几毫米),或采用电热套加热,控制加热温度(须低于三相点温度)和加热速度(缓慢升华)。样品开始升华后,上层蒸气会穿过滤纸小孔凝结在滤纸上面或漏斗内壁上,不能通过小孔的则凝结在滤纸背面。升华结束后(滤纸微微发黄时即可,否则滤纸变成棕色后,影响产物颜色),先移去热源,一般让其自然冷却至室温,必要时也可用湿毛巾冷却漏斗外壁,但注意不要弄湿滤纸。完全冷却后,小心拿下漏斗,揭开滤纸,将凝结在滤纸正反面和漏斗壁上的晶体刮到干净表面皿上。

若待升华物质的量大,可在烧杯中进行,装置如图 1-2-36(b)所示。即在烧杯上放

NOTE

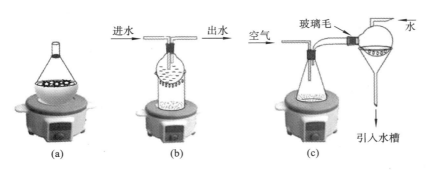

图 1-2-36　常压升华装置

置一通有冷凝水的烧瓶,用热源加热烧杯,样品升华后蒸气在烧瓶底部凝结成晶体并附着在烧瓶底部。

　　若待升华物质的蒸气压较高,可在空气或惰性气体(常用 N_2)流中进行升华,装置如图 1-2-36(c)所示。在锥形瓶上装一个有两孔的塞子,一个孔插玻璃管,用以导入气体,另一个孔装接液管,将接液管大的一端伸入圆底烧瓶中,烧瓶口塞一些玻璃毛或棉花。开始升华时即通入气体,气体把物质蒸气带到圆底烧瓶中,待升华物质会凝结在经冷水冷却的烧瓶内壁上。

　　(2)减压升华。

　　为加快升华速度,可在减压条件下进行升华。减压升华适用于在常压下蒸气压不大或受热易分解物质的分离纯化。常用的减压升华装置如图 1-2-37 所示。

　　将待升华的物质放入吸滤瓶,用装有"冷凝指"的橡皮塞塞住瓶口,用水泵或油泵减压,吸滤瓶浸入水浴或油浴中加热。在减压下,待升华的物质经加热升华后凝结在"冷凝指"外壁上。升华结束后应慢慢使体系

图 1-2-37　减压升华装置

接通大气,以免突然冲入的空气把"冷凝指"上的晶体吹落;在取出"冷凝指"时也要轻拿,防止晶体掉落。

　　(3)注意事项。

　　①升华温度一定要控制在固体化合物的三相点以下。

　　②待升华的固体物质一定要干燥,如有溶剂会影响升华后晶体的凝结。

　　③常压升华使用滤纸时,滤纸上的孔应大小合适、分布均匀,以便蒸气上升后能顺利通过滤纸,在滤纸上面结晶。

　　④减压升华中,停止减压抽滤时一定要先打开安全瓶上的放空阀,再关泵。否则循环水泵内的水会倒吸进吸滤瓶,造成实验失败。

　　(五)重结晶

　　在有机合成反应产物中,往往得到的不是单一组分,需要对反应产物进行分离提纯。液体有机混合物可以通过蒸馏或分馏等方法分离,而固体有机混合物一般通过重结晶分离纯化。

　　重结晶是利用混合物中各组分在不同溶剂中的溶解度不同,或者是在同一溶剂中不同温度时溶解度不同,而分离不同组分。一般可分为单一溶剂重结晶和混合溶剂重结晶。

常压升华操作

NOTE

重结晶的过程一般包括选择溶剂、制备热饱和溶液、除去杂质与热过滤、晶体析出、晶体的洗涤及收集与干燥、晶体的纯度检测共六个步骤。

1. 单一溶剂重结晶

单一溶剂重结晶是利用目标物质在同一溶剂中不同温度时溶解度不同而进行分离的,通常有两种选择方法:一是目标物质在热溶剂中溶解度很大,而杂质的溶解度很小或者完全不溶,这样经过热过滤,目标物质保留在溶液中,杂质留在滤纸上而被分离开;二是目标物质在热溶剂中溶解度很小或不溶,杂质的溶解度很大,这样经过热过滤,目标物质留在滤纸上,杂质在滤液中而分离。

(1)选择溶剂。

正确选择溶剂是进行重结晶的前提。根据被溶解物质的结构和性质,依据"相似相溶"原理进行重结晶溶剂的选择。

重结晶溶剂应具有下列性质:①与被提纯物质不能发生化学反应;②不同温度下,被提纯物质在溶剂中的溶解度差异较大,一般高温时溶解度较大,低温时溶解度很小;③被提纯物质在溶剂中能够析出较好的晶型;④溶剂沸点适中,较易挥发,易与结晶分离,便于蒸馏回收。同时,溶剂的沸点不得高于被提纯物的熔点,否则当溶剂沸腾时,样品会熔化为油状,难以进行纯化。此外,还需适当考虑溶剂的毒性、易燃性、价格等因素。

对于已知化合物,一般可借助文献资料获得溶解度方面的数据和信息,从而选择适宜的重结晶溶剂(见表1-2-3)。具体操作中也可通过实验筛选,方法如下:取0.1 g待提纯的固体于试管中,加入1 mL待选溶剂,振摇或微热观察溶解情况。若样品在冷或微热的溶剂中很快全溶,表明溶解度过大,此溶剂不适用;若不溶,可小心加热至沸腾,振荡后观察,还不溶解。接着可分批每次加入0.5 mL溶剂,并加热煮沸,当总量达3~4 mL后仍不溶解,说明溶解度太小,也不适用;只有当样品在1~3 mL沸腾溶剂中能全溶,而冷却后可析出较多结晶时,此溶剂才能作为重结晶的候选溶剂。实验时通常要做几种溶剂实验,进行比较,选出冷却后晶体析出较多、晶体形状好,易于回收的溶剂作为重结晶溶剂。

表 1-2-3   常用的重结晶溶剂

溶剂	沸点/℃	相对密度 d^{20}	冰点/℃	在水中的溶解度	易燃性
水	100.0	1.0	0	互溶	0
甲醇	64.96	0.79	<0	互溶	+
95%乙醇	78.1	0.79	<0	互溶	++
冰醋酸	117.9	1.05	16.7	互溶	+
丙酮	56.5	0.79	<0	互溶	+++
乙醚	34.6	0.71	<0	不溶	++++
石油醚	30~60 60~90	0.68~0.72	<0	不溶	++++
环己烷	80.8	0.78	4~7	不溶	++++
二氯甲烷	39.7	1.34	<0	不溶	0
三氯甲烷	61.2	1.49	<0	不溶	0

续表

溶剂	沸点/℃	相对密度 d^{20}	冰点/℃	在水中的溶解度	易燃性
四氯甲烷	76.8	1.58	<0	不溶	0
二氯乙烷	83.7	1.25	<0	不溶	＋＋＋＋
乙酸乙酯	77.1	0.90	<0	不溶	＋＋＋
二氧六环	101.1	1.03	11.8	互溶	＋＋＋＋
苯	80.1	0.88	<0	不溶	＋＋＋＋
甲苯	110.6	0.87	<0	不溶	＋＋＋＋

（2）溶解及热饱和溶液的制备。

使用易燃有机溶剂时，必须按照安全规范的操作进行。以水作溶剂可以用烧杯进行制备；若用有机溶剂，常用锥形瓶或圆底烧瓶作容器，因为瓶口小，溶剂不容易挥发，又便于振摇促使固体物质溶解；若使用低沸点、易燃的有机溶剂，必须安装回流装置；若固体物质的溶解速度慢，需要长时间加热，也要安装回流装置进行加热溶解，避免溶剂的损失。溶剂的用量根据查得的溶解度数据或溶解度实验所得的结果估算，一般还需多加 15％～20％ 的溶剂，防止加热过程中溶剂损失后结晶析出、热过滤中损失产品。

制备过程是将一定量的待纯化物质置于锥形瓶或圆底烧瓶中，加入理论量的溶剂，加热至沸腾。若固体未完全溶解，可补加少量溶剂，加热沸腾直至物质完全溶解为止（要注意判断是否有不溶性杂质，以免加入溶剂过多，影响结晶的析出）。重结晶过程中，为得到较纯的产品和比较好的收率，必须注意溶剂的用量。若样品中的不溶物难以判断是否为杂质，最好先进行热过滤，再将滤渣进行溶解，合并两次滤液进行处理。

若溶解过程中被提纯物质变成油滴，会影响到产品的纯度和产率，应尽量避免发生这种现象。可以从以下几个方面加以考虑：①所选用溶剂的沸点应低于溶质的熔点；②低熔点的物质，如果不能选出沸点低的溶剂，则溶解温度应低于熔点。若实验中出现油滴，可用玻璃棒摩擦瓶壁，加速分子运动，使其打散至溶液澄清。

（3）杂质的去除与热过滤。

粗制的有机物常含有色杂质。在重结晶过程中，杂质溶于沸腾的溶液中，冷却后黏附于晶体表面析出，使产物的颜色不均匀。另外，溶液中也会有一些树脂状物质或分散性不溶杂质通过过滤难以除去。活性炭是一种具有强吸附性能的多孔性物质，脱色效果良好。活性炭吸附性较强，同时也会吸附待提纯物，所以用量根据待提纯物的量来定。可以根据有色杂质的多少进行选择，一般以待纯化物质量的 1％～5％ 为宜。不能往沸腾或近沸腾的热溶液中加入活性炭，以免引起暴沸现象，一般需要冷却后加入。在重结晶的热溶液中，加入活性炭后需煮沸 5～10 min，能较好地去除杂质。此热溶液必须趁热过滤，除去不溶性杂质和活性炭。热过滤可进行常压过滤和减压过滤，基本要求是避免溶液在过滤过程中出现结晶。因此，应尽可能缩短过滤时间，过滤过程中的溶液需要保温。有机化学实验中常用的过滤方法有常压过滤和减压过滤。

①常压过滤：常利用折叠滤纸和预热的短颈玻璃漏斗进行过滤，可用于水或有机溶剂的过滤。常压过滤的装置简单，但过滤速度较慢。在过滤过程中，润湿滤纸的溶剂需使用溶解样品的溶剂。为加快过滤速度，可将滤纸按图 1-2-38 所示的方法进行折

NOTE

叠,增大过滤面积。折叠滤纸时,圆心处切勿重压,否则过滤过程中容易破裂。

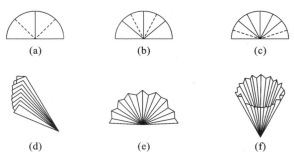

图 1-2-38　滤纸的折叠方法

扇形滤纸
的折叠方法

使用常压过滤方法进行热过滤时,装置需要保温。漏斗预热方法有两种:沸腾溶剂直接润洗预热,盛滤液的锥形瓶用小火加热,产生的热蒸气可使漏斗保温(此法适用于水溶剂),装置如图 1-2-39(a)所示;用保温漏斗进行过滤,适用于所有溶剂,装置及加热方法如图 1-2-39(b)所示。保温漏斗是一种带有夹层的漏斗,可加入热水或过滤前加热以达到保温效果。夹层中的水量一般为其容积的 2/3。若使用有机溶剂,切忌明火。

②减压过滤:过滤过程中需要循环水泵或油泵进行抽气,也称为抽滤。装置由布氏漏斗、滤纸、抽滤垫、抽滤瓶、抽气泵组成,如图 1-2-39(c)所示。抽滤的优点是过滤速度较快,适用于大量溶剂的热过滤;缺点是若溶剂沸点较低,在热过滤过程中溶剂的损失较大,而导致结晶过早析出。

抽滤过程中所用的滤纸大小应略小于布氏漏斗内径,但能盖严布氏漏斗的小孔。过滤前,先用少量相同的溶剂润湿滤纸,使滤纸与漏斗底部贴紧。迅速将热溶液倒入布氏漏斗中,在过滤过程中漏斗里应一直保留有溶液,否则在抽滤过程中滤纸容易抽破。抽滤出的母液和结晶应迅速转移至干净的容器中。

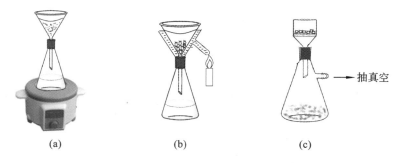

图 1-2-39　常压过滤和减压过滤装置

(4)结晶的析出。

热过滤后的滤液若在冷水浴中迅速冷却并剧烈搅动,析出的晶体颗粒较小,小晶体包含杂质少,但由于其表面积大,吸附于表面的杂质较多;若想得到结晶均匀、结晶形状好的晶体,需将滤液在室温下冷却使之缓慢自然结晶。若热滤液中已析出结晶,需加热使之溶解后再在室温下冷却结晶,这样得到的晶体往往比较纯净。

有时滤液中有胶状物或形成过饱和溶液,结晶不易析出时,可用玻璃棒摩擦瓶壁促使晶体形成;也可以加入几粒晶体作为晶种诱导晶体的形成。如果溶液中出现油状

NOTE

物,可在加热条件下用玻璃棒将油状物分散均匀后,再进行自然冷却结晶。

为使晶体析晶完全,在形成较好晶型和量较多时,用冷水再冷却一段时间。

（5）晶体的洗涤、收集及干燥。

重结晶的操作

将晶体析出完全后的溶液,用过滤装置进行过滤,一般常用抽滤方法。抽滤前先用少量溶剂润湿滤纸,然后打开水泵将滤纸吸紧,防止固体在抽滤时自滤纸边缘吸入抽滤瓶中。将瓶中的液体和晶体分批转移至布氏漏斗中,瓶中剩余的晶体可先用少量母液洗涤数次并转移至布氏漏斗中,将母液抽尽后,必要时可用玻璃棒或小钢铲把晶体压平,使晶体中吸附的含杂质母液能尽量除去,抽干后,先通大气,然后再关掉水泵。

晶体需要用溶剂进行洗涤,以除去晶体表面的母液及所含的杂质。晶体洗涤时,先停止抽气,在漏斗中加少量溶剂,以刚好浸润全部晶体为宜;并用玻璃棒或小钢铲小心拨动,不能使滤纸松动或破裂。静置一会再进行抽气,并用洁净的玻璃棒轻轻挤压晶体表面。重复洗涤1～2次,抽干,用小钢铲将晶体转移至表面皿上进行干燥。

洗涤后的晶体表面上还会吸附少量的溶剂,为保证产品的纯度,需将产品所吸附的溶剂彻底除去。若产品无吸湿性,可放置在空气中使溶剂自然挥发至干。对热稳定的化合物,若使用的是不易挥发的溶剂,可用红外线灯或烘箱等设备在低于该晶体熔点或接近溶剂沸点的温度下进行烘干。由于溶剂的存在,晶体可能在较其熔点低的温度就开始熔化,因此须控制好温度,并经常翻动晶体。对热不稳定或在空气中易分解的样品,可置于真空干燥器中进行干燥。

（6）晶体的纯度检测。

首先,可以根据晶体的形状、颜色、光泽等进行初步的判断,即晶体具有一定的结晶形状、颜色分布均匀、具有一定的光泽。其次,检测晶体的熔点,纯的晶体具有一定的熔点,若是已知化合物熔点可接近文献值;若是未知化合物,测定三次基本一致,且熔程在0～5 ℃以内。最后,可用薄层色谱进行检测,即晶体溶解后点在薄层板上,用两个不同的溶剂系统展开显色后,均只有一个斑点。

2. 混合溶剂重结晶

混合溶剂重结晶是利用目标物质和杂质在不同溶剂中溶解度不同进行分离。一般是筛选不到合适的单一溶剂时,考虑使用混合溶剂。混合溶剂可选用两种互溶的溶剂,其中一种对样品是易溶的,另一种则是难溶或不溶的。混合溶剂重结晶时,将样品溶于易溶的溶剂中,加热后使其溶解,溶液若有颜色则需用活性炭脱色,并趁热过滤除去不溶物。然后加入样品难溶的溶剂,至溶液刚好出现混浊为止。加热使混浊消失,自然冷却,结晶析出。记录两种溶剂的体积比,即为合适配比的混合溶剂。部分常用混合溶剂如表1-2-4所示。

表1-2-4　常用混合溶剂

常用混合溶剂		
甲醇-水	氯仿-乙醚	二氧六环-水
乙醇-水	乙醚-丙酮	乙醚-石油醚（30～60 ℃）
乙酸-水	乙醚-甲醇	苯-石油醚（60～90 ℃）
丙酮-水	二氯甲烷-甲醇	苯-无水乙醇

晶体的过滤,晶体的收集、洗涤、干燥,晶体的纯度检测均按单一溶剂重结晶的操

NOTE

作步骤进行,在晶体的洗涤过程中需按两种溶剂的比例配好混合溶剂进行洗涤。

（六）色谱分离技术

1. 色谱分离技术概述

色谱分离技术是分离、提纯有机化合物较为重要的方法,应用广泛。色谱法是1903 年俄国植物学家 Tswett 在分离植物色素时创立的一种分离方法。色素溶液流经

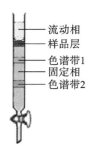

图 1-2-40　植物色素的分离

装有吸附剂的柱子,在柱子的不同高度显示出各种色带,使色素混合物得以分离(图 1-2-40),从而得名色谱法。色谱法早期也称为色层分析,后来称为色谱法而沿用至今。

色谱法是一种物理分离的方法,根据分离原理的不同可分为分配色谱、吸附色谱、排阻色谱、离子交换色谱等。分配色谱是利用混合物中各组分在不相混溶并做相对运动的流动相与固定相中溶解度不同而将各组分分离;吸附色谱是利用混合物中各组分在固定相上的吸附能力不同,而将各组分分离。色谱法中相对固定的一相称为固定相,可以是液体或者固体;用来洗脱的液体或气体称为流动相,可以是单一或混合溶剂。根据操作条件的不同,可分为薄层色谱、柱色谱、纸色谱、气相色谱及高效液相色谱等。

色谱法由于其分离效能高、快速简便,可用于化合物定性、定量检测等,在化学、生物学、医学等领域应用广泛。其在有机化学中的应用主要体现在分离混合物、鉴定已知化合物、检测反应是否完成等方面。

2. 柱色谱

柱色谱通常用于分离混合物和提纯化合物,按其分离原理不同,可分为分配柱色谱、吸附柱色谱、离子交换柱色谱、排阻柱色谱等。实验室常用的是吸附柱色谱,利用混合物中各组分在固定相中吸附能力和在流动相中的解吸能力不同而进行分离。

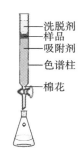

图 1-2-41　柱色谱装置

（1）柱色谱的装置。

常见的柱色谱装置如图 1-2-41 所示。柱色谱是一根带有下旋塞的玻璃管,管内填入比表面积比较大的吸附剂。首先根据样品量和吸附剂量选择大小合适的色谱柱,吸附剂的质量是待分离混合物质量的 25～30 倍,所用柱的高度和直径比是 8∶1。样品、吸附剂、色谱柱直径和高度间的关系见表 1-2-5。

表 1-2-5　样品、吸附剂、色谱柱直径和高度间的关系

样品量/g	吸附剂量/g	色谱柱直径/mm	色谱柱高度/cm
0.01	0.3	3	25
0.1	3	7.5	60
1	30	16	130
10	300	35	280

在装柱前先将色谱柱洗干净、干燥,固定在铁架上,色谱柱的活塞口处塞上玻璃棉或石英砂,防止吸附剂随洗脱剂流出。一般在色谱柱内装入吸附剂作为固定相,常用

硅胶和氧化铝。待分离的混合物加入色谱柱中,吸附在吸附剂的上端,当从柱顶加入洗脱剂(流动相)进行洗脱时,各组分根据其与洗脱剂溶解度的不同,被解吸能力也随之不同。根据"相似相溶"原理,极性大的化合物易溶于极性洗脱剂中,极性小的化合物易溶于非极性洗脱剂中。样品溶解在洗脱剂中,并随之向下移动,随着各组分对吸附剂的亲和力大小不同,沿柱向下移动的速度不同,而在色谱柱中呈现出不同层次的色带。一般洗脱剂的极性是从小到大进行洗脱,极性小的化合物先流出,极性大的化合物后流出。流出的样品分别进行收集,再逐个进行鉴定。

(2)吸附剂。

吸附柱色谱根据化合物类型不同选择吸附剂,常用的吸附剂有硅胶、氧化铝、氧化镁、碳酸钙、活性炭、淀粉和糖等,吸附剂的选择较为重要,它不能与被吸附物及洗脱溶剂发生化学反应。硅胶可用于烃、醇、酮、酯、酸和偶氮化合物的分离,应用较为广泛。淀粉和糖可用于对酸碱作用较敏感的多官能团化合物的分离。

实验室常用氧化铝或硅胶。硅胶根据其颗粒大小分为硅胶 G 和硅胶 H,其吸附能力与颗粒大小有关,颗粒粗,流速快、分离效果差;颗粒细,流速慢、区带扩散大。需根据实际分离需要而定,通常使用的吸附剂粒径大小以 100 目至 150 目为宜。硅胶略带酸性,对于一些碱性化合物的分离,洗脱剂中需加入少量碱,降低吸附力。氧化铝的极性较大,是一种高活性和强吸附的极性物质,但不适用于易形成氢键的化合物的分离。国产层析用氧化铝有碱性、中性、酸性三种:酸性氧化铝 pH 为 4.0～4.5,适用于分离酸性化合物;碱性氧化铝 pH 为 9～10,适用于分离碱性化合物,例如生物碱、胺类化合物;中性氧化铝应用最为广泛,适用于中性物质的分离。

大多数吸附剂具有吸水性,水不容易被置换,使吸附剂的活性降低,所以吸附剂活性取决于含水量。即含水量越小,吸附能力越强,活性越大;反之,吸附能力越弱。通常可通过加热烘干的方法使吸附剂脱水活化,硅胶一般在 105 ℃进行活化,氧化铝可在 350～400 ℃进行活化。吸附剂按其含水量为 0％、3％、6％、10％、15％分为五个等级活性,一般用Ⅱ级和Ⅲ级。

化合物的吸附能力与化合物极性相关,即化合物极性越大,吸附能力越大;分子中极性基团越多,吸附能力越强。各种化合物对硅胶和氧化铝的吸附性顺序如下:

酸和碱＞醇、胺、硫醇＞醛、酮、酯＞芳香族化合物＞卤代物、醚＞烯＞饱和烃

(3)装柱。

吸附柱色谱的分离效果与装柱质量有很大关系,例如:吸附剂的用量、柱高和直径比、吸附剂是否均匀等。装柱方法可分为湿法装柱和干法装柱,吸附剂必须装填均匀,吸附剂间无气泡或裂纹。

①干法装柱:在色谱柱顶放一个干燥的小漏斗,烧杯中称取一定量的吸附剂,将吸附剂经小漏斗持续地加入至色谱柱中,用橡胶球等轻轻敲击柱身,使柱填装紧密和均匀,无气泡并使柱面平整。加入溶剂冲洗柱子,以帮助吸附剂间的空气排出,再将需要分离的样品加入,溶液流经色谱柱后,保持每秒 1～2 滴,整个过程的吸附剂都有溶剂覆盖。干法装柱时应注意在加入的洗脱剂没有从色谱柱活塞流出之前不能关闭活塞,否则会导致色谱柱中的硅胶分层断裂。

②湿法装柱:烧杯中称取一定量的吸附剂,加入流动相(可以是单一溶剂或混合溶剂,若为混合流动相,则选用极性最低的溶剂),轻轻搅动排出空气至均匀。打开柱下

NOTE

旋塞,在色谱柱顶放一个干燥的小漏斗,将搅拌均匀的吸附剂经小漏斗持续地加入至色谱柱中,控制溶剂流出速度为每秒 1～2 滴。加完后,烧杯或柱壁上的硅胶用少量溶剂冲洗至柱内,操作过程中注意溶剂液面不能低于吸附剂,随着溶剂的流出,吸附剂渐渐下降,直至吸附剂高度不变,说明沉降完成。若吸附剂间有气泡,可用橡胶球等轻轻敲击柱身使气泡排出。

（4）上样。

可根据吸附剂加入的先后分为干法上样和湿法上样。

①干法上样。将样品用溶剂进行溶解后,加入适量吸附剂(一般为样品量的 1～3 倍),使样品溶液和吸附剂混合均匀,挥发干溶剂,样品已吸附在吸附剂表面。将混有样品的吸附剂加入色谱柱内,加入方法同干法装柱。加完样品后用棉花清理色谱柱内壁,并轻轻敲打样品层,使其填装均匀、紧密,并在样品层上再加一层少量硅胶和棉花,防止加入试剂时破坏样品层,导致"色带"出现拖尾现象。

②湿法上样。将样品用尽量少的溶剂进行溶解后,用滴管吸取样品溶液,并伸入柱内沿内壁将样品溶液慢慢加入柱内。样品加完后,打开下旋塞,使样品溶液进入吸附剂内,并用少量洗脱剂将内壁的样品洗下。当样品吸附在色谱柱内硅胶的上端后,在上面铺上一层棉花,再慢慢加入洗脱剂进行洗脱。

（5）洗脱。

选择合适的洗脱剂进行洗脱,洗脱剂的选择原则:①洗脱剂的极性不能大于样品中各组分的极性,否则洗脱剂会将固定相上的样品全部溶入流动相中,难以建立吸附平衡,影响分离效果。②选择的洗脱剂必须能够溶解样品中的各个组分。如果被分离的样品不溶于洗脱剂,则其可能会牢固地吸附在固定相上,而不随流动相进行移动或移动得很慢。洗脱剂的选择是色谱柱分离的一个重要因素,洗脱剂可用单一溶剂、混合溶剂。若使用梯度洗脱,一般先加入极性小的溶剂进行洗脱,随着样品中各组分的流出,不断增加大极性溶剂的比例,从而达到使各组分按极性大小不同洗脱下来的目的;若使用单一配比的混合溶剂洗脱,可通过薄层色谱实验来确定。具体方法是先将少量样品溶解在溶剂中,在薄层板上点样。待样品点干后,用少量展开剂展开观察薄层板上各组分展开点的位置,使样品各组分分开的分离度好的展开剂就作为柱色谱的洗脱剂。

常用溶剂的极性和洗脱能力顺序如下:乙酸>水>甲醇>乙醇>丙醇>酮>乙酸乙酯>乙醚>三氯甲烷>二氯甲烷>甲苯>环己烷>己烷>石油醚。

在洗脱过程中应注意:①在整个洗脱过程,洗脱剂应保持覆盖吸附剂,绝不能出现"干裂"。色谱柱中的洗脱剂少时,需用滴管加入,防止破坏样品层;洗脱剂多时,可直接倒入。②在洗脱过程中,应先用极性最小的溶剂进行洗脱,然后逐步加大洗脱剂的极性,使洗脱剂在柱内形成梯度,以形成不同的色带环。③在洗脱过程中,样品的流速不能太快,否则影响分离效果,但也不能太慢,时间过长后会造成某些成分被破坏使"色带"扩融,影响分离效果。若流出速度太慢,采用加压装置。④更换不同比例的洗脱剂时,一定等色谱柱内的洗脱剂接近样品层上表面时再加入另一种比例的洗脱剂。

（6）样品的收集。

若待分离样品各组分有颜色,可根据不同颜色的色带用锥形瓶分别收集,将色带交接处流出液单独收集,蒸去各色带样品中的溶剂后得到纯组分。若样品各组分没有颜色,根据吸附剂的使用量和样品分离情况进行收集,一般吸附剂用量与洗脱剂的收集量约为1:1。将收集瓶编好号,用薄层色谱进行监控,合并样品。对于不纯的样品再进行下一步的分离。

(7)加压柱色谱。

实验中使用颗粒度很小的吸附剂时,由于吸附剂颗粒小,洗脱剂流过时阻力大,洗脱剂较难流出,需采用加压使洗脱剂流出。常用加压快速色谱装置由色谱柱、球形容器、加压装置组成,接口处均为标准磨口,对接后用橡皮筋固定。可用压缩空气钢瓶或氮气钢瓶进行加压,应注意气体压力不可过高,以免装置弹开或炸裂,造成危险。也常用充满空气或氮气的橡皮双联球,反复按一球向另一球及数个装置中压入空气或氮气,使体系内形成一定的压力。

加压柱色谱操作与常压柱色谱类似。在装柱及加样品时,球形容器不必装上,欲使柱内液体流出时,可直接将三通塞与色谱柱对接加压。在加好样品后,欲用大量洗脱剂洗脱时再将球形容器装上。

3. 薄层色谱

薄层色谱(thin layer chromatography)可简写为TLC,是一种快速、微量、简便的色谱法。其设备简单,操作方便,需要样品量少,展开速度快、效率高,已成为实验室中最为常用的一种层析法。此法可用于摸索柱色谱的洗脱条件,监控柱层析组分流出情况或有机合成反应的程度等。TLC的原理和分离过程与柱色谱类似,吸附剂性质和洗脱剂相对洗脱能力等皆相同。

薄层色谱一般是将吸附剂或支持剂均匀铺在平面载板上,干燥、活化后制成薄层板。在薄层板点样,使样品吸附于薄层板上。将点样后的薄层板放入可密闭的层析缸内,点有样品的一端浸入流动相中,展开剂沿着薄层板上吸附剂逐渐上升,当遇到样品时,样品溶解在展开剂中,各组分在固定相和流动相之间不断地进行吸附-解吸。样品中各组分与固定相和流动相作用能力不同,容易溶解而不容易被吸附的组分会随展开剂向薄层板上方移动较大的距离。相反吸附能力强的组分,在薄层板上移动的距离较短,最后各组分得到分离。

①吸附剂:薄层色谱最常用的吸附剂是硅胶和氧化铝,它们的吸附能力强,可分离的样品种类多。薄层色谱所用的吸附剂的粒度细、均匀,一般小于250目。如果粒度粗,展开式溶剂推移速度太快,分离效果不好;若颗粒太细,样品随展开剂移动速度慢,斑点不集中,效果也不好。吸附剂活性一般以Ⅱ~Ⅲ级为宜。

硅胶是无定形多孔物质,略显酸性,适用于酸性和中性物质。硅胶机械强度差,薄层用的硅胶一般需要加入黏合剂,如一水合硫酸钙($CaSO_4 \cdot H_2O$)、淀粉、羧甲基纤维素钠(CMC)等制成"硬板"。薄层用的硅胶分为以下几种:硅胶H、硅胶G(含一水合硫酸钙)、硅胶GF_{254}(可在254 nm观察荧光)、硅胶HF_{254}等。

氧化铝的极性较硅胶强,适合分离极性较小的化合物。在铺板时一般不再加入黏合剂,可直接铺板,称为"软板"。氧化铝分为中性、酸性、碱性三种,中性氧化铝用途最广,酸性氧化铝适合分离酸性物质,碱性氧化铝适合分离碱性物质。氧化铝也根据黏合剂和荧光剂不同分为不同的类型。

②制板:薄层色谱一般用玻璃板进行铺板,要求厚薄均匀,厚度为0.5~1 mm,否则展开时溶剂前沿不齐,层析结果不好。制作的薄层板好坏会直接影响层析效果,薄

65

层板的铺制方法可分为干法铺板和湿法铺板,由于干法铺板制作的薄层板不易保存,常用湿法铺板。其铺制方法是在小烧杯中称取所需的吸附剂,加入适量黏合剂和溶剂搅拌成糊状,不能有气泡或颗粒,均匀地铺在一块干净、干燥的玻璃板上,轻轻抖动使成薄层。若用硅胶,硅胶和水按质量比 1:2.5 调制;若用氧化铝,与水按质量比 1:1 调制。把铺好的薄层板放置阴凉处晾干,不能快速干燥,否则会出现干裂。现在可以根据需要选择市售的各种规格的预制薄层板。

薄层板预制好后需要进行活化,不同的吸附剂及配方需要不同的活化条件。硅胶板一般在烘箱中保持 105～110 ℃,活化 0.5～1 h。氧化铝板在 150～160 ℃下,活化 4 h,可得到活性为 Ⅲ～Ⅳ 级的薄板,在 200～220 ℃下,活化 4 h,可得到活性为 Ⅱ 级的薄板。

③点样:样品用低沸点溶剂(石油醚、丙酮、甲醇等)进行溶解,制成适宜浓度的溶液。若为水溶性样品,用少量水溶解后,再用甲醇、乙醇稀释。在薄层板距边缘 1 cm 处用铅笔画一条点样线,确保不同样品起点一致。多个样品在同一个板上时,用铅笔标出各点样点,各点样点间距离保持 1 cm 左右为宜。用点样毛细管少量、多次、反复点在标好的点样点上,点样斑点直径为 1～2 mm,多次点样时需溶剂挥干后再进行下一次的点样。点样浓度适宜,点样浓度太稀,斑点不清楚难以观察;点样浓度过大,容易出现拖尾现象,分离度不好。

④展开:薄层色谱中,多组分的样品分离度受展开剂的影响很大。一般展开剂的选择与色谱柱中洗脱剂选择原则类似,分为非极性、弱极性、中极性和强极性等,可选用单一溶剂或混合溶剂作为展开剂,展开能力大小通常与溶剂的极性成正比。溶剂极性大小及配比等参考柱色谱部分。

薄板色谱在层析缸中进行展开,展开方法如图 1-2-42 所示。展开方式分为上行展开、下行展开、平卧展开及径向展开。常用上行展开,具体操作是在层析缸中加入展开剂,饱和一段时间,将薄层板离点样斑点近的一端倾斜放入层析缸中,展开剂浸入高度低于点样斑点,否则样品会被溶解,盖好层析缸的盖子。在展开过程中,样品斑点随着展开剂向上移动,当展开剂前沿到达薄层板 3/4 处即可取出薄层板,用铅笔画下溶剂前沿的位置。用吹风机吹干或自然挥干溶剂后进行显色。

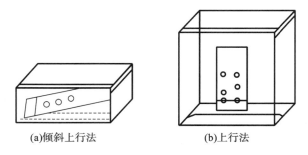

(a)倾斜上行法   (b)上行法

图 1-2-42 薄层板上行展开法

⑤显色:若化合物本身有色,薄层板展开后可直接观察斑点的分离情况;若化合物本身无色,但有紫外吸收,可在紫外灯下观察荧光;若化合物无色、无荧光,必须通过显色才能观察斑点的位置,判断分离情况。常用的显色方法有试剂显色和碘蒸气显色,显色方式有喷雾显色、浸渍显色等。常用的显色试剂是 5%硫酸水溶液或乙醇溶液,显色后用吹风机吹干或在烘箱内 110 ℃下加热,大多数有机物焦化后显示出斑点。也可

根据化合物的种类和官能团的不同选用专属显色剂。由于碘能与许多化合物作用形成棕黄色的配合物而后显色,棕色斑点在短时间内会消失,取出后应立即用铅笔标出化合物的斑点位置。碘显色之前,必须挥发掉溶剂,否则碘蒸气与溶剂结合,使层析板显淡棕色影响观察。显色后,记下各斑点的位置,通常用比移值(R_f值)表示各成分移动的相对距离,如图 1-2-43 所示。

$$R_f = \frac{原点到样品斑点中心的距离}{原点到溶剂前沿的距离}$$

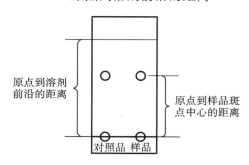

图 1-2-43　R_f值示意图

R_f值受分离化合物的结构、固定相与流动相的性质、温度等多种因素的影响,对于一个化合物,当这些因素固定时,R_f值是常数。在鉴定化合物时,常常将样品与对照品点在一块板上,根据展开后 R_f 值是否相同来确定是否为同一化合物。

4. 纸色谱

纸色谱属于分配色谱,其分离原理是根据混合物的各组分在两种互不相溶的液相间分配系数不同而达到分离的目的。固定相为滤纸上吸附的水,滤纸是水的支持物和载体,流动相为含有一定比例水的有机溶剂,也称为展开剂。分配色谱法基本上与液-液连续萃取方法相同,流动相即亲脂性较强的溶剂在含水的滤纸上移动时,溶解于流动相的各组分在滤纸上受到两相溶剂的影响,产生分配现象。亲脂性强的组分在流动相中分配较多,移动速度较快,有较大的 R_f 值;反之亲水性强的组分在固定相中分配较多,移动速度较慢,R_f值小,从而得到较好的分离。流动相与固定相的选择根据被分离物质的性质而定。一般对于不溶于水的非极性化合物,固定相选择非极性溶剂,流动相选择水、含水的醇或乙酸等极性溶剂;对于难溶于水的极性化合物,固定相选择 N,N-二甲基甲酰胺等非质子极性溶剂,流动相选择不与固定相相混溶的环己烷、三氯甲烷等非极性化合物;对于易溶于水的化合物,固定相可直接用吸附在滤纸上的水,流动相选择能与水互溶的低级醇类。纸色谱也可用于分离鉴定有机化合物,主要用于多官能团或高极性化合物,如糖、氨基酸等。纸色谱操作简单、色谱图可以长期保存,但展开时间较长。

纸色谱中选择的滤纸质地要均匀、厚薄适宜、无折痕。一般定性分析使用薄的滤纸,分离制备使用厚的滤纸。展开剂常由有机溶剂和水组成,常用水饱和的正丁醇,例如展开系统正丁醇:乙酸:水(6:1:5),先按比例将溶剂混合,然后在分液漏斗中静置分层,取上层正丁醇层作为展开剂。

纸色谱的装置如图 1-2-44 所示。纸色谱的展开缸选用长圆柱形,且盖子内侧具有钩子,便于滤纸的固定。纸色谱的操作步骤:选择长短合适的滤纸,在距离滤纸的一端

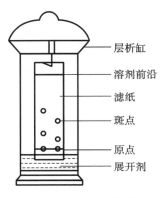

图 1-2-44　纸色谱的装置

- 层析缸
- 溶剂前沿
- 滤纸
- 斑点
- 原点
- 展开剂

1 cm 处画一条起始线,并标注点样点。用毛细管吸取样品溶液,反复多次地点在已标注点样点上,点样点直径不超过 2 cm,浓度适宜。展开缸内放入少许已经预饱和过的展开剂,待溶液挥发后,把点样后的滤纸条放入展开缸中,使滤纸下端浸入展开剂中,液面高度不超过点样线,将滤纸的另一端挂在塞子的钩子上。由于滤纸条的毛细作用,展开剂沿着滤纸条不断上升,当展开剂与滤纸上的样品接触时,样品中的各组分会不断地在固定相和流动相间进行分配,各组分根据其分配系数的不同而得以分离。当溶剂前沿上升到接近滤纸条上端前沿线处时,将滤纸条取出,晾干。若样品各组分具有颜色,在自然光下就可观察各组分的斑点;若样品各组分没有颜色,需置于紫外灯下观察或根据化合物的性质喷上显色剂,观察斑点的位置,特别注意不能使用含有硫酸的显色剂。各组分比移值 R_f 值的计算与薄层色谱相同。

5. 高效液相色谱

高效液相色谱(high performance liquid chromatography,HPLC)是一种高速、快捷、运用最为广泛的色谱法,装置见图 1-2-45。高效液相色谱是在经典液相色谱法的基础上,引入气相色谱理论而发展起来的,可用于化合物的分离和定性、定量分析,大多数有机物都能用高效液相色谱法分离和分析。由于此法条件温和、不破坏样品,因此特别适合高沸点、难汽化、热稳定性差的有机物。

HPLC 具有速度快、灵敏度高、分辨率高、色谱柱可反复使用、所需样品量少等优点。HPLC 分析一个样品通常只需 15～30 min,有些样品在 5 min 内也可完成;紫外检测器灵敏度可达 0.01 ng,荧光和电化学检测器灵敏度可达 0.1 pg;可选择固定相和流动相的种类和比例以达到最佳分离效果;色谱柱可重复使用多次或用于不同种类的化合物;所需样品量少,经过色谱柱后结构不被破坏,可用于分析和制备。

(1) HPLC 的组成。

HPLC 系统通常是由输液泵、进样器、色谱柱、检测器及数据处理系统等部分组成。输液泵是 HPLC 的重要部件,直接影响到整个系统的质量和分析结果的可靠性,需具备流量稳定、流量范围宽、输出压力高、液缸容积小、密封性能好、耐腐蚀等性质。进样器需密封性好、体积小、重复性好,进样时对色谱系统的压力、流量影响小,常见的进样方式有阀进样和自动进样。色谱柱要求柱效高,选择性好,分析速度快。检测器是把洗脱液中组分的量转化为电信号的装置,要求其灵敏度高、噪声低、线性范围宽、重复性好、适用范围广等。

(2) HPLC 的分类。

HPLC 按分离机制的不同分为吸附色谱、分配色谱、离子交换色谱、离子对色谱及分子排阻色谱。

①吸附色谱:固定相为固体吸附剂,分离原理是根据各组分与固定相吸附力大小不同而分离,分离过程是各组分在色谱柱上经过吸附-解吸附的一个平衡过程。常用的吸附剂为硅胶或氧化铝,粒度 5～10 μm,适用于分离相对分子质量为 200～1000 的

NOTE

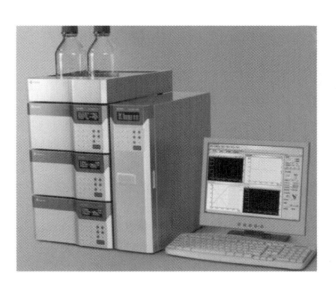

图 1-2-45 高效液相色谱仪

组分。多用于非离子型化合物,离子型化合物易产生拖尾;对不同官能团的化合物及异构体有较高的选择性。

②分配色谱:按固定相和流动相的极性不同可分为正相色谱(NPC)和反相色谱(RPC)。正相色谱一般采用聚乙二醇、氨基与腈基键合等极性固定相,烷烃类非极性溶剂为流动相,流动相可加入乙醇、异丙醇、四氢呋喃等调节组分的保留时间,常用于分离酚类、胺类、羰基类及氨基酸类等中等极性和极性较强的化合物。反相色谱采用 C_{18} 或 C_8 非极性固定相,水或缓冲液为流动相,常加入甲醇、乙腈、四氢呋喃等能与其混溶的有机溶剂调节保留时间,常用于分离非极性和极性较弱的化合物。HPLC 中使用的常为 RPC。

③离子交换色谱:以离子交换树脂为固定相,常用苯乙烯与二乙烯交联形成的聚合物骨架。若在芳环上引入羧基、磺酸基,称为阳离子交换树脂;若引入季铵基,则称为阴离子交换树脂。其分离原理是树脂上可电离离子与流动相中具有相同电荷的离子和待分离组分的离子进行可逆交换,根据各离子与离子交换基团具有不同的电荷吸引力而分离。

离子交换色谱的流动相一般使用缓冲液,样品中各组分的保留时间与各组分离子与树脂上的离子交换基团作用强弱有关,也受流动相的 pH 和离子强度影响,由于 pH 可改变化合物的解离程度,进而影响其与固定相的作用,流动相的盐浓度大,则离子强度高,不利于样品的解离,导致样品较快流出。离子交换色谱主要用于分析有机酸、氨基酸、多肽及核酸。

④离子对色谱:又称偶离子色谱法,属于液-液色谱法。它是根据被测组分离子与离子对试剂离子形成中性的离子对化合物后,在非极性固定相中溶解度增大,从而使其分离效果改善。离子对色谱主要用于分析离子强度大的酸碱物质。

⑤分子排阻色谱:以孔径一定的多孔性填料为固定相,流动相是溶解样品的溶剂。其分离原理是利用分子筛对相对分子质量大小不同的各组分排阻能力的差异而完成分离,即小分子化合物可以进入孔隙中,滞留时间长,而大分子化合物不能进入孔隙中,直接随流动相流出。分子排阻色谱常用于分离高分子化合物,如多糖、多肽、蛋白

NOTE

69

质、核酸等。

（3）HPLC在分析中的应用。

HPLC可用于定性和定量分析。定性分析的方法有根据纯化合物和样品的保留时间或相对保留时间进行对照,若保留时间相同,可确定为同一化合物,此法简单,但只能用于已知化合物。利用专属性的化学反应对分离后收集的组分定性。定量的分析方法常用外标法及内标对比法等。外标法是以待测组分的对照品做标准物质,与待测试样对比求算试样含量的方法,可分为标准曲线法、外标一点法、外标两点法。其优点是不需要知道校正因子,只要被测组分出峰、无干扰、保留时间适宜,就可以进行定量分析。其缺点是进样量必须准确,否则定量误差大。内标法是待测样品中加入内标物,根据样品的质量和内标物质量以及待测组分峰面积和内标物的峰面积,求出待测组分的含量。内标法可分为内标曲线法、内标一点法、内标两点法及校正因子法等,其内标物选择的要求为纯度较高,不是样品中的组分;能与待测组分完全分离,但保留时间相差不能太大;结构性质上与被测组分相似。其优点是可抵消仪器稳定性差、进样量不够准确等原因带来的误差。缺点是样品配制麻烦、不易寻找内标物。

（4）HPLC在制备中的应用。

制备型HPLC可用于制备微量纯品,包括制备型和半制备型。其关键部件大小选择与分离样品的上量样有关,即增加色谱柱的直径,可以增加上样量,从而增加产量。制备型HPLC系统中色谱柱内装填的粒度范围一般为5～30 μm。制备型HPLC与分析型HPLC的不同还在于检测过程是非破坏性的,经过检测的洗脱液可以依次收集起来制成纯品。目前运用较多的是进样与流分收集自动化,实现连续操作和反复的分离。

6. 气相色谱

气相色谱(gas chromatography,GC)法是利用气体作为流动相的一种色谱,其由于具有灵敏度高、选择性好、速度快的优点,应用领域越来越广阔,装置如图1-2-46所示。气相色谱可与其他仪器联用,如:气相色谱-质谱联用(GC-MS)、气相色谱-傅里叶变换红外光谱联用(GC-FTIR)、气相色谱-原子发射光谱联用等,这些技术重现性好、灵敏度高,是痕量或微量有机物最为有效的分析手段,在中药成分分析中常用于挥发油成分的鉴定。

图1-2-46　气相色谱仪

（1）原理。

气相色谱是利用试样中各组分在色谱柱中的气相和固定相中分配系数不同进行

分离。样品汽化后进入色谱柱中，依据被分离组分在固定相中溶解度的差别，样品中各组分在固定相和流动的气相中反复多次平衡，从而得以分离。

（2）仪器。

气相色谱仪一般由进样器、色谱柱、检测器、气流控制系统、温度控制系统、信号记录系统和数据处理系统等部分组成。检测器的选择据组分而定，常用的检测器有热导检测器（TCD）和氢火焰离子化检测器（FID）等。

（3）定性与定量分析。

保留时间是指从进样开始到某个组分的色谱峰顶点的时间间隔，不同的组分保留时间不同，利用这一性质，可对化合物进行定性鉴定，也可以通过与其他仪器联用进行定性。

气相色谱定量分析的依据是在给定条件下，被分析组分的量与检测器的响应值（峰面积或峰高）成正比。由于同一物质在不同类型的检测器上有不同的响应值，不同物质在同一检测器上的响应值也各不相同，因而，为使响应值能定量地代表物质的含量，需测定校正因子。为了克服实验条件的影响，通常将一个标准物的校正因子定为1，测得某物质与标准物校正因子的比值，即为该物质的相对校正因子。

气相色谱的定量分析方法主要有三种：归一化法、内标法、外标法。

①归一化法：各组分的百分含量按下式计算：

$$w_i = f_i A_i / (f_1 A_1 + f_2 A_2 + \cdots + f_n A_n) \times 100\%$$

式中，A 和 f 分别为各组分的峰面积和相对质量校正因子。样品中主要的校正因子数值接近时，则可用下式进行近似计算。

$$w_i = A_i / (A_1 + A_2 + \cdots + A_n) \times 100\%$$

归一化法的优点是简便，不用标准品定量。缺点是要求样品中所有组分都能流出色谱柱，并在检测器产生信号，给出各自的峰面积，并必须知道各组分的校正因子。

②内标法：内标法是气相色谱最常用的定量方法，首先需进行校正因子的测定，即称取一定质量的内标物 m_s 和质量为 m_i 的待测化合物充分混合进行分析，根据样品及内标物的质量和峰面积按下式计算待测化合物相对于内标物的校正因子。

$$f_i = m_i A_s / m_s A_i$$

进行样品测定时，称取一定量的内标物加到已知质量的样品（m）中，进行色谱分析后得到待测化合物和内标物的峰面积 A_i 和 A_s，用下式求得该组分的百分含量。

$$w_i = f_i (A_i / A_s)(m_s / m) \times 100\%$$

内标法的优点：进样量不需要很精确；定量的准确度与其他组分是否出峰无关；适合于痕量分析。缺点是不易找到合适的内标物。

③外标法：用待测组分的纯品作标准品，通过比较在相同条件下标准品与待测样品中待测组分的峰面积进行定量的方法。外标法分为标准曲线法、外标一点法和外标两点法，标准曲线法更为准确。外标法要求进样精密度好，仪器稳定，但气相色谱的进样精密度受到很多因素的影响，因此外标法在气相色谱中的应用受到限制。

7. GC-MS

GC-MS 是将分离效率高的气相色谱与对痕量物质有高鉴别能力和测定能力的质谱仪联用，适用于复杂样品中痕量组分的分离鉴定。GC-MS 常用于具有挥发性药物的检测和药物残留分析等，装置见图 1-2-47。

 NOTE

GC-MS 的基本原理：首先是气相色谱利用吸附剂对混合样品中不同组分的吸附能力不同、在色谱中的停留时间和与洗脱剂间解吸能力的不同而达到分离；接着各组分按不同顺序在离子源中发生电离，生成不同荷质比的带正电荷的离子，经加速电场的作用，形成离子束，进入质量分析器，分别聚焦而得到质谱图；再根据谱库中不同已知化合物的质谱图与得到的不同质谱图成分相似度的对比，从而得到各组分的结构及名称。

GC-MS 具有分离效能高、灵敏度高、用量少、简便快速等特点，是复杂混合物分离分析最有效的手段。

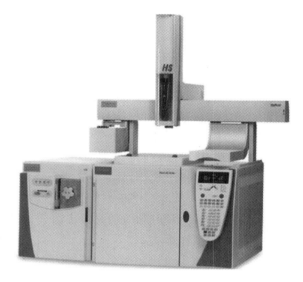

图 1-2-47　GC-MS 联用色谱仪

（万屏南　虎春艳　林玉萍）

·第二部分·
基本操作训练

实验一　简单玻璃加工操作

【实验目的】

学会玻璃管和玻璃棒的简单加工。

【实验仪器】

玻璃管、玻璃棒、锉刀、酒精喷灯、石棉网。

【实验步骤】

1. 玻璃管(棒)的截断和断口熔光[1]

取直径为 10 mm、长为 40 cm 的薄壁玻璃管 1 根,直径为 5 mm、长为 90 cm 的玻璃棒 1 根,洗净、干燥。按第二部分中的实验要求,将玻璃管截成 4 根,每根长 10 cm;将玻璃棒截成 3 根,每根长 30 cm。截断后的玻璃管(棒)需将其断口熔光。

2. 玻璃管的弯曲[2]

根据弯管的制作方法,制作 120°、90°、60° 的玻璃弯管各 1 根。120° 可一次完成,90°、60° 需分两次完成。

3. 熔点管和沸点管的拉制[3]

取直径为 10 mm、长为 10 cm 的薄壁玻璃管,按实验要求拉制成长为 10 cm、直径约为 1 mm,两端封口的毛细管 10 根,装入大试管备用。使用时,用小锉刀从中间截断,即可得熔点管或沸点管。

4. 胶头滴管的拉制[4]

取直径为 8 mm、长为 20 cm 的玻璃管,按实验要求拉制成直径约为 8 mm、长为 10~15 cm 的胶头滴管,其长度根据所需拉制滴头的粗细而定。

【注释】

[1]将玻璃管(棒)呈约 45° 角,倾斜地放在酒精喷灯的灯焰边沿处灼烧,边烧边转动,至烧到平滑即可。

[2]两手旋转玻璃管的速度必须均匀一致,否则弯成的玻璃管会出现歪扭。玻璃管受热程度应掌握好,受热不够则不易弯曲,容易出现纠结和瘪陷,受热过度则在弯曲处的管壁出现厚薄不均匀和瘪陷;弯成角度之后,在管口轻轻吹气。

[3]在拉细过程中要边拉边旋转,拉细速度先慢后快。

[4]当玻璃管加热至黄红色并开始软化时,就要马上移出火焰(切不可在灯焰上拉制玻璃管),两手水平持着同时轻轻用力往外拉。注意拉的速度要适中,不能过快,否则中间部分会很细。

【思考题】

1. 怎样弯曲和拉细玻璃管?

2. 截断玻璃管时要注意哪些问题?加热玻璃管时怎样防止玻璃管被拉歪?

NOTE

实验二　晶体物质熔点的测定

【实验目的】

（1）学会熔点测定的方法,并知道有机物熔点所使用的仪器设备及装置的正确安装方法。

（2）了解测定熔点的意义、常见测定方法,及显微熔点测定仪和全自动熔点仪的使用方法。

【实验原理】

当固体化合物受热达到一定的温度时,即由固相转变为液相,通常认为此时的温度就是该化合物的熔点。熔点严格的定义应为固、液两相在标准大气压下达到平衡状态,即固相蒸气压与液相蒸气压相等时的温度。固体物质受热后,从开始熔化（初熔）至完全熔化（全熔）的温度范围就是该化合物的熔点（实际上是熔点范围,称为熔程或熔距。）

有机化合物的熔程一般不超过 0.5～1 ℃。如混有杂质则其熔点下降,熔程较长。例如:A 和 B 两种物质的熔点是相同的,可用混合熔点法检验 A 和 B 是否为同一种物质。若 A 和 B 不为同一物质,其混合物的熔点比各自的熔点降低很多,且熔程增长。以此可鉴定纯粹的固体有机化合物;根据熔程的长短又可定性地检验该化合物的纯度。

测定熔点的方法有毛细管熔点测定法和显微熔点测定法,一般实验室常用的方法是毛细管熔点测定法。现在还可用数字熔点仪测定熔点。

【实验仪器、试剂】

1. 实验仪器

b 形管、毛细管、玻璃管、显微熔点测定仪、温度计、表面皿、酒精灯。

2. 实验试剂

液体石蜡、苯甲酸、尿素、混合物（苯甲酸与尿素）。

【实验步骤】

方法一:毛细管熔点测定法

1. 毛细管的准备

毛细管内径为 1 mm,长为 8 cm,一端开口,一端熔封。

2. 试样的装入

放少许(0.1～0.2 g)待测熔点的干燥试样于干净的表面皿上,研成很细的粉末,堆积在一起,将熔点管开口一端向下插入粉末中,然后将熔点管开口一端朝上轻轻在桌面上敲击,或取一支长为 30～40 cm 的干净玻璃管,垂直于表面皿上,将熔点管从玻璃管上端自由落下,以便粉末试样装填紧密,装入的试样如有空隙则传热不均匀,影响测定结果[1]。重复上述操作,直至样品高为 2～3 mm 为止[2]。沾附于管外粉末须拭去,以免污染仪器。

NOTE

3. 仪器的安装

将 b 形管夹在铁架台上,装入浴液,使液面高度达到 b 形管上侧管即可。用橡皮圈将毛细管紧附在温度计(装入橡胶塞)上,样品部分应靠在温度计水银球的中部[3-4]。温度计水银球以恰好在 b 形管的两侧管中部为宜(图 2-2-1)。

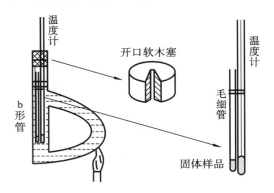

图 2-2-1 毛细管熔点测定装置

4. 测定熔点

(1) 粗测:以较快的加热速度进行粗测,得出大致的熔点范围。记录管内样品有液相产生时(初熔)的温度 t_1 和样品刚好全部变成澄清液体时(全熔)的温度 t_2。

(2) 精测:更换一根样品管进行精测,开始时升温可稍快(每分钟上升 4~5 ℃),待温度距粗测熔点约为 15 ℃时,改用小火加热(或将酒精灯稍微离开 b 形管一些),使温度缓慢而均匀上升(每分钟上升 1~2 ℃)。当接近熔点时,加热速度要更慢,每分钟上升不超过 1 ℃[5]。记录刚有液相产生时的温度(t_1)和样品恰好完全熔化时的温度(t_2),t_1~t_2 即为该化合物的熔程。

测定熔点时,至少要有两次的重复数据。每一次测定必须用新的熔点管另装试样,不得将已测过熔点的熔点管冷却,使其中试样固化后再做第二次测定。因为有时某些化合物部分分解,有些经加热会转变为具有不同熔点的其他结晶形式。

按上述步骤测定下列样品的熔点:①苯甲酸(粗测一次,精测两次);②尿素;③1:1的苯甲酸与尿素。

方法二:显微熔点测定法

(1) 将电源线及传感器按要求连接好(图 2-2-2)。

(2) 取两片载玻片,洗净晾干后,取几颗待测样品放在一载玻片上,并用另一载玻片盖上,轻轻压实,然后将其置于加热台中心,盖上隔热玻璃。

(3) 调节显微镜,使其焦点对准样品。

(4) 打开电源开关,测定待测样品熔点,升温速度由快→渐慢→平缓。

(5) 观察被测样品的熔化过程。当结晶棱角开始变圆并有液体产生时为初熔,晶体完全液化为全熔。

(6) 如需重复测试,需使温度降至熔点以下 40 ℃。

【注释】

[1]要测得准确熔点,样品管一定要干净,样品粉碎要细,填装要实,否则产生空隙,不易传热,造成熔程变大。

[2]样品量太少不便观察,而且熔点偏低;太多会造成熔程变大,熔点偏高。

 NOTE

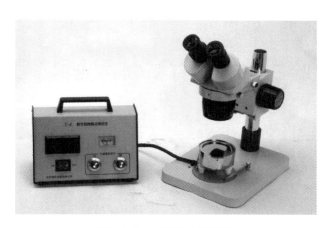

图 2-2-2 显微熔点测定仪

[3]注意橡胶塞一定要开口,否则易产生暴沸现象。

[4]橡胶圈不要没入液体石蜡中,以免橡胶圈受热变松,样品管掉入液体石蜡中。

[5]升温速度应慢,让热传导有充分的时间。升温速度过快,熔点偏高。

【思考题】

1. 测定熔点时,如遇到下列情况,将产生什么结果?

(1)熔点管不洁净;

(2)样品研得不细或装得不紧(实);

(3)加热太快。

2. 甲、乙两试样的熔点都为 150 ℃,以任何比例混合后测得的熔点仍为 150 ℃,这说明什么?

NOTE

实验三　液体有机物沸点的测定

【实验目的】

(1) 学会微量法测定液体有机化合物的沸点的方法与操作技术。

(2) 知道测定液体有机化合物沸点时使用的仪器设备以及装置的正确安装方法。

(3) 了解沸点的概念,测定沸点的意义,常见测定方法。

【实验原理】

液体在一定温度下具有一定的蒸气压,当液体的蒸气压增大到与外界施于液面的总压力(通常是大气压力)相等时,就有大量气泡从液体内部逸出,即液体沸腾。这时的温度称为液体的沸点。沸点是液体的饱和蒸气压与外界大气压力相等时的温度。通常所说的沸点是指在 101.3 kPa 下液体沸腾时的温度。

纯净的液体有机物在一定的压力下具有一定的沸点(实际测定时是沸点范围,称为沸程),纯净的液体有机物的沸程也很小(不超过 0.5～1 ℃)。液体不纯,则沸点降低,沸程变长。因此,测定液体有机化合物的沸点是初步鉴定液体有机物纯度的一种常用方法。但是,具有固定沸点的液体有机化合物不一定都是纯净的有机化合物。因为某些有机化合物常常和其他组分形成二元或三元恒沸混合物,它们也有一定的沸点,如普通乙醇溶液是含 95.6% 的无水乙醇和 4.4% 的水的恒沸混合物,共沸点为 78.1 ℃。

沸点的测定有常量法和微量法两种。样品不多时,通常采用微量法即毛细管法。常量法(即蒸馏)则用量较大。不管用哪种方法来测定沸点,在测定之前必须设法对液体有机物进行纯化。本实验采用毛细管法测定无水乙醇的沸点。

【实验仪器、试剂】

1. 实验仪器

圆底烧瓶、直形冷凝管、蒸馏头、尾接管、锥形瓶、烧杯、量筒、温度计、胶塞、乳胶套圈、b 形管、毛细管。

2. 实验试剂

液体石蜡、无水乙醇、四氯化碳。

【实验步骤】

方法一:常量法测定沸点

1. 安装蒸馏实验装置

2. 沸点的测定

经漏斗加入 30 mL 四氯化碳于圆底烧瓶中,加入 2～3 粒沸石(防暴沸),插上温度计,先通入冷却水,然后用水浴加热。最初不能加热太猛,以免蒸馏烧瓶因局部受热而破裂。慢慢升高温度,此时温度计的读数缓慢上升,当液体开始沸腾时,温度计读数急剧上升,此时注意记录第一滴馏出液滴入接收瓶时的温度,并调节加热速度,控制馏出液以每秒蒸出 1～2 滴为宜,使温度计水银球上始终挂有一滴冷凝液。继续加热,并观察温度计有无变化,当温度计读数稳定时,此温度即为样品的沸点。直到样品大部分蒸发出为止(切记不得蒸干,以免蒸馏烧瓶破裂或发生其他意外事故),记录最后的温度。上述温度范围就是样品的沸点范围(即沸程)。

测定完毕,应先停止加热,待冷却后关好冷凝水,按与安装时相反的顺序拆除仪器,将仪器洗净后晾干备用。

方法二:微量法测定沸点

1. 沸点管的制备

沸点管由外管和内管组成,外管用长为 7～8 cm、内径为 0.2～0.3 cm 的玻璃管将一端烧熔封口制得,内管用市购的毛细管截取 3～4 cm 封其一端而成。测量时将内管开口向下插入外管中。

2. 沸点的测定

取 1～2 滴待测样品滴入沸点管的外管中[1],将内管插入外管中,然后用小橡皮圈把沸点管附于温度计旁,再把该温度计的水银球位于 b 形管两侧管中间,然后加热(图2-3-1)。加热时由于气体膨胀,内管中会有小气泡缓缓逸出,当温度升到比沸点稍高时,管内会有一连串的小气泡快速逸出。这时停止加热,使溶液自然冷却,气泡逸出的速度即渐渐减慢[2]。记录最后一个气泡不再冒出并要缩回内管的瞬间温度,此时的温度即为该液体的沸点,待温度下降 15～20 ℃后,可重新加热再测一次[3]。记录数据,计算平均值。

按上述方法进行无水乙醇沸点的测定。

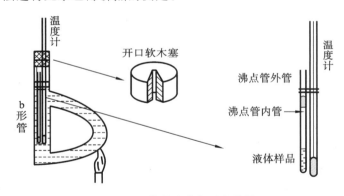

图 2-3-1 微量法沸点测定装置

【注释】

[1]样品不宜过少,否则有可能在测定出其沸点前就已经汽化完毕;也不宜过多,会使沸点测定结果误差大。

[2]沸点管里的空气要赶干净。

[3]观察要仔细、及时,重复实验所得温度差值不得超过 1 ℃。

【思考题】

1. 待测样品取得过多或过少对测定结果有何影响?

2. 橡皮圈要位于什么位置?为什么?

实验四 旋光度的测定

【实验目的】

(1) 学会旋光仪的使用方法,及比旋光度和光学纯度的计算。

(2) 知道旋光仪的构造和旋光度的测定原理。

【实验原理】

手性分子都具有旋光性。通过旋光仪可以测得每一种旋光性物质的旋光度大小及旋光方向。物质的旋光度与其分子结构、测定时的温度、偏振光的波长、盛液管的长度、溶剂的性质及溶液的浓度有关。通过旋光度的测定可以鉴定旋光性物质的纯度及含量。

在测定过程中,能使偏振光的偏振面向右旋转(顺时针方向转动检偏镜螺旋)的物质,称为右旋物质,以"+"表示;反之,称为左旋物质,以"-"表示。

比旋光度是旋光性物质的特性常数。其可根据在物质浓度为 $c(g \cdot mL^{-1})$、管长为 $l(dm)$ 的条件下测得的旋光度 α 通过下列公式换算得到。

$$溶液的比旋光度[\alpha]_D^t = \frac{\alpha}{c \times l}$$

【实验仪器、试剂】

1. 实验仪器

WXG-4 旋光仪、天平、容量瓶、烧杯。

2. 实验试剂

果糖、葡萄糖。

【实验步骤】

1. 配制待测溶液

准确称取 10.00 g 葡萄糖、10.00 g 果糖,将样品分别在两个 100 mL 容量瓶中配成溶液。溶液必须透明,否则需用滤纸过滤。

2. 装待测液

盛液管有 1 dm,2 dm 两种规格。选用适当的盛液管,先用蒸馏水洗干净,再用少量待测液润洗 2~3 次,然后注满待测液,不留空气泡,盖上已装好金属片和橡皮垫的金属螺帽,以不漏水为限度,但不要旋得太紧[1]。用软布揩干液滴及盛液管两端残液,放好备用。

3. 校正旋光仪零点

开启电源开关,待钠光灯发光稳定后,将装满蒸馏水的盛液管放入旋光仪中,旋转视野调节螺旋,直到三分视场界线变得清晰,达到聚焦为止。旋动刻度盘手轮,使三分视场明暗程度一致,并使游标尺上的零度线置于刻度盘 0 度左右,重复 3~5 次,记录刻度盘读数,取平均值。如果仪器正常,此时即为零点。

NOTE

4. 测定旋光度

将装有待测样品的盛液管放入旋光仪内,此时三分视场的亮度出现差异,旋转检偏镜(由于刻度盘随检偏镜一起转动,故转动刻度盘手轮即可),使三分视场的明暗程度一致,记录刻度盘读数。此时读数与零点之间的差值即为该物质的旋光度。重复3~5次,取其平均值,即为测定结果。然后再以同样步骤测定第二种待测液的旋光度。

按上述操作步骤测定葡萄糖和果糖的旋光度。

【注释】

[1]如有气泡,可能干扰测定结果。

【思考题】

1. 测定旋光性物质的旋光度有何意义?

2. 比旋光度 $[\alpha]_D^t$ 与旋光度 α 有何不同?

NOTE

实验五 减压蒸馏

【实验目的】

(1) 学会减压蒸馏仪器的安装和减压蒸馏的操作方法。

(2) 知道减压蒸馏的原理。

【实验原理】

某些沸点较高,特别是在加热还未达到沸点时就发生分解或氧化的有机化合物,不能用常压蒸馏提纯,常采用减压蒸馏的方法进行提纯和分离。因为蒸馏系统内的压力降低后,其沸点降低,当压力降低到 1.3～2.0 kPa 时,其沸点比常压下的沸点降低 80～100 ℃。因此,减压蒸馏对于分离或提纯沸点较高、性质比较不稳定的液体有机化合物具有特别重要的意义。

【实验仪器、试剂】

1. 实验仪器

蒸馏烧瓶,克氏蒸馏头,毛细管(起泡管),螺旋夹,直形冷凝管,带支管的接引管,安全瓶,压力计,耐压橡皮管及普通橡皮管,铁支架,电炉,水浴锅,水泵。

2. 实验试剂

粗乙酰乙酸乙酯或粗异戊醇。

【实验步骤】

(1) 按图 2-5-1 所示安装好仪器(注意安装顺序),检查蒸馏系统是否漏气。方法是旋紧毛细管上的螺旋夹,打开安全瓶上的二通活塞,旋开水银压力计的活塞,然后开泵抽气(如用水泵,这时应开至最大流量)。逐渐关闭安全瓶上的二通活塞,从压力计上观察系统所能达到的压力,若压力变动不大,应检查装置中各部分的塞子和橡皮管的连接是否紧密,必要时可用熔融的石蜡密封,磨口仪器可在磨口接头的上部涂少量凡士林进行密封(密封应在解除真空后才能进行)。检查完毕后,缓慢打开安全瓶的活塞,使系统与大气相通,压力计缓慢复原,关闭泵停止抽气。

接泵

图 2-5-1 减压蒸馏装置

 NOTE

(2) 将粗乙酰乙酸乙酯装入蒸馏烧瓶中,以不超过其容积的 1/2 为宜。若被蒸馏物质中含有低沸点物质,在进行减压蒸馏前,应先进行常压蒸馏,尽可能除去低沸点物质。

(3)按步骤(1)所述操作方法开泵减压,通过小心调节安全瓶上的二通活塞达到实验所需真空度。调节毛细管上的螺旋夹,使液体中有连续平稳的小气泡通过。

(4)当调节到所需真空度时,将蒸馏烧瓶浸入水浴或油浴中,通入冷凝水,开始加热蒸馏。加热时,蒸馏烧瓶的球身部分至少应有 2/3 浸入油浴中[1]。待液体开始沸腾时,调节热源的温度,控制馏出的速度为 1~2 滴/秒。

(5)蒸馏完毕时,应先移去火源,取下油浴,待稍冷后,稍稍启松毛细管上的螺旋夹,缓慢打开安全瓶上的活塞解除真空,待系统内外压力平衡后方可关闭减压泵。

【注释】

[1]不能直接用火加热,应按照实际情况选用各种热浴,本实验用油浴。

【思考题】

1. 减压蒸馏的原理是什么?在怎样的情况下才用减压蒸馏?

2. 安装减压蒸馏装置应注意什么问题?操作中应注意哪些事项?

3. 在进行减压蒸馏时,为什么必须用热浴加热而不能直接用火加热?

NOTE

实验六　萃　取

【实验目的】

（1）学会利用萃取技术分离纯化液体有机物的原理和操作方法。

（2）知道分液漏斗的正确使用，并能熟练运用。

【实验原理】

萃取是分离纯化有机物的基本操作。通过萃取可从固体或液体混合物中提取所需成分；也可用来洗涤除去混合物中少量杂质，其基本原理是与色谱法相似，基于相分配原理。通常将前者称为"萃取"（或提取），后者称为"洗涤"。萃取可分为液-固萃取、液-液萃取。

【实验仪器、试剂】

1. 实验仪器

烧杯、量筒、分液漏斗、锥形瓶、滴定管。

2. 实验试剂

醋酸水溶液、乙醚、0.2 mol · L^{-1}NaOH 溶液、酚酞。

【实验步骤】

1. 一次萃取法

（1）精确量取 10 mL 冰醋酸与水的混合液放入分液漏斗中，用 30 mL 乙醚萃取。

（2）用右手食指末节将分液漏斗上端玻璃塞顶住，再用大拇指及食指、中指握住漏斗，转动左手的食指和中指蜷握在活塞柄上，在振荡过程中，玻璃塞和活塞均夹紧，上下轻轻振荡分液漏斗，每隔几秒放气。

（3）将分液漏斗置于铁圈中，当溶液分成两层后，小心旋开活塞，放出下层水溶液于 50 mL 锥形瓶内[1]。

（4）加入 3～4 滴酚酞作指示剂，用 0.2 mol · L^{-1}NaOH 溶液滴定，记录 NaOH 的使用体积。计算留在水中醋酸的量及质量分数，留在乙醚中醋酸的量及质量分数。

2. 多次萃取法

（1）精确量取 10 mL 冰醋酸与水的混合液于分液漏斗中，用 10 mL 乙醚如上法萃取，分出乙醚溶液[2]。

（2）将水溶液再用 10 mL 乙醚萃取，分出乙醚溶液。

（3）将第二次剩余水溶液再用 10 mL 乙醚萃取，分出乙醚溶液，合并三次萃取液。

（4）用 0.2 mol · L^{-1}NaOH 溶液滴定水溶液。计算留在水中醋酸的量及质量分数，留在乙醚中醋酸的量及质量分数，比较萃取效果。

【注释】

[1]分液完成后的上层溶液一定从上端口倒出，不能从下端旋塞放出，以免污染。

NOTE

［2］每次萃取完成后必须进行分液,再加入新鲜的萃取剂进行下一次的萃取操作。

【思考题】

1. 萃取溶剂如何选择?

2. 分液漏斗如何排气?

实验七 重结晶和过滤

【实验目的】

（1）学习重结晶法提纯固体有机化合物的原理和方法。

（2）知道抽滤和热过滤操作，并能正确使用。

【实验原理】

固体有机物在溶剂中的溶解度一般随温度的升高而增大。若把固体溶解在热的溶剂中达到饱和，冷却时由于溶解度降低，溶液变成过饱和状态而析出晶体。利用溶剂对被提纯物质及杂质的溶解度不同，可以使被提纯物质从饱和溶液中析出，而让杂质全部或大部分仍留在溶液中（或被过滤除去），从而达到提纯的目的。

重结晶的一般过程：使待重结晶物质在较高的温度（接近溶剂沸点）下溶于合适的溶剂中；趁热过滤以除去不溶物质和有色杂质（可加活性炭煮沸脱色）；将滤液冷却，使晶体从过饱和溶液里析出，而可溶性杂质仍留在溶液中，然后进行减压过滤，把晶体从母液中分离出来；洗涤晶体以除去附着的母液；干燥结晶。

【实验仪器、试剂】

1. 实验仪器

锥形瓶、球形冷凝管、保温漏斗、短颈玻璃漏斗、烧杯、表面皿、玻璃棒、布氏漏斗、抽滤瓶、抽滤垫、电热套、滤纸、电子秤。

2. 实验试剂

乙酰苯胺、水、活性炭。

【实验步骤】

在 250 mL 锥形瓶中称取 3.0 g 粗乙酰苯胺，加入 100 mL 水，加热至沸，保持沸腾 2～3 min，取下冷却，加入 0.2 g 活性炭[1]，再加热 5～10 min，用热漏斗趁热抽滤[2,3]，滤液倒入干净的 200 mL 烧杯中，加热至溶液澄清后，静止自然冷却析晶，待乙酰苯胺充分结晶后进行抽滤[4]，晶体用少量水洗涤 2～3 次。彻底抽干水分，干燥，称量。

【注释】

［1］可在补加 20％水时，一同加入活性炭。

［2］热过滤时保温漏斗中的水一定要尽可能热，动作要快。

［3］减压过滤滤纸事先要润湿，铺好滤纸后不能减压太大。在倒入滤液之前滤纸要紧贴漏斗底部，防止滤纸被压穿。

［4］如果滤液已经冷却到室温，长时间静止仍然没有晶体出现，可以用玻璃棒摩擦内壁。

【思考题】

1. 减压过滤相比常压过滤有什么优点？

2. 重结晶包括哪几个步骤？每一步的目的是什么？

3. 怎样选择重结晶的溶剂？

 NOTE

实验八　升　　华

【实验目的】

知道升华的基本原理,学会提纯有机物的操作技术。

【实验原理】

升华是提纯固体物质的重要方法之一。升华是指固体物质不经过液态直接转变为气态的过程。升华要求被提纯物质在熔点温度以下具有较高的蒸气压,故仅适用于一部分固体物质的提纯,且升华操作时间长,损失较大。

升华法提纯固体物质需要两个条件:①被提纯物质在熔点温度以下有较高的蒸气压(高于 2.67 kPa);②所含杂质蒸气压比被提纯物质蒸气压低很多。物质的升华温度可以根据其固、液、气三相平衡曲线进行选择。不同固体物质由于三相点下的蒸气压不同,升华的难易程度也不同。

【实验仪器、试剂】

1. 实验仪器

蒸发皿、玻璃漏斗、滤纸、冷凝指、电热套。

2. 实验试剂

碘、萘。

【实验步骤】

方法一:常压升华

在蒸发皿中放 1 g 左右的粗碘,上面盖一张穿有小孔的滤纸,然后将大小合适的玻璃漏斗覆盖在上面,漏斗的颈部塞有脱脂棉团,以免碘蒸气逸出。在石棉网上加热蒸发皿(最好用沙浴或其他热浴),小心调节火焰,控制温度低于 114 ℃。蒸气通过滤纸上的小孔到达上面,遇到冷的玻璃漏斗壁(必要时可在漏斗外面用湿毛巾冷却),重新转变为晶体。当不再有蒸气上升、凝结时,停止加热,冷却,收集所得纯产物(图2-8-1)。

图 2-8-1　常压升华装置

NOTE

方法二：减压升华

将 0.5 g 的萘装入吸滤瓶中,吸滤瓶支管接抽气装置,打开水开关,让冷却水不断通过小试管("冷凝指")。小心加热吸滤瓶下部,要控制好火焰大小[1]。仔细观察小试管底部外壁,当吸滤瓶底部无萘晶体后,停止加热,冷却,取出小试管收集纯萘(图 2-8-2)。

图 2-8-2　减压升华装置

【注释】

[1]一定要控制好火焰大小,不要在吸滤瓶底部出现液体。

【思考题】

1. 升华法提纯固体分为哪两类? 常压法提纯固体需具备什么条件?

2. 碘是否能用常压方法升华提纯? 为什么?

实验九 立体化学模型实验

【实验目的】

(1) 通过模型作业,加深对有机化合物分子立体结构的认识。

(2) 进一步掌握立体异构现象,从而理解有机化合物的结构与性质的关系。

【实验仪器】

组合式凯库勒有机分子模型一套。

【实验原理】

有机化合物普遍存在同分异构现象,其中的立体异构比较复杂,立体异构可分为构型异构和构象异构,而构型异构又可分为顺反异构和对映异构。

构象异构是指围绕分子中某一 σ 键旋转所产生的原子或基团在空间的不同排布。脂肪烃围绕其中两个碳原子的 σ 键旋转,产生无数种构象,其中重叠式、交叉式是两种特殊构象。顺反异构是指由于双键或环状结构的存在,分子中的某些原子或基团限制在一个参考平面的同侧或异侧产生的异构。对映异构是指构造相同的两个化合物,互为实物与其镜像,且不能重叠而造成的异构现象。

通常使用的有机化合物结构模型有三种,即 Kekulé 模型(球棍模型)、Stuart 模型(比例模型)、Dreiding 模型(骨架模型)。

为了便于理解和掌握同分异构现象,明确异构体在结构上的差异。通过模型作业,即用球棍模型(Kekulé 模型)构成各类异构体,帮助学生牢固建立有机化合物分子结构的概念,从而进一步理解各类立体异构现象和某些立体异构体所具有的特有性质。

【实验步骤】

1. 构象异构的模型演示

(1) 正丁烷模型:搭建正丁烷模型,围绕 C_2—C_3 旋转产生全重叠、邻位交叉、部分重叠、对位交叉四种特殊构象[1],比较四种特殊构象中哪种最稳定、哪种最不稳定。

(2) 环己烷模型:搭建环己烷椅式构象的模型,然后按不同要求进行下列操作。观察椅式环己烷模型的 a 键和 e 键,并注意每两个相邻或相隔的碳原子上 a 键和 e 键的相对位置,比较 a 键和 e 键所受到的其他原子排斥作用的大小。观察每两个相邻碳原子是否属于邻位交叉构象。画出椅式环己烷的构象透视式及纽曼(Newman)投影式,并标明各碳原子的 a 键和 e 键。

2. 顺反异构的模型演示

(1) 2-丁烯模型:搭建顺、反 2-丁烯模型,观察 C_1、C_4 在 π 键平面两边的位置,比较哪种构象稳定性大;比较两种模型能否重合;观察其存在的对称因素。

(2) 1,2-二甲基环己烷模型[2]:搭建 1,2-二甲基环己烷顺、反异构体的模型,观察两个甲基的位置,比较两种模型能否重合;观察其存在的对称因素。

3. 对映异构的模型演示

（1）乳酸模型：搭建两个对映异构的乳酸模型，观察两种模型能否重合。根据模型联系 Fischer 投影式的书写规定，并根据操作原则进行演练。两种模型哪个是 D 型？哪个是 L 型？哪个是 R 型？哪个是 S 型？

（2）酒石酸模型：搭建三种酒石酸模型，互相比较是否重合。哪两种是对映异构体？哪个是内消旋体？

4. 学生独立完成模型作业

（1）1,3-二甲基环己烷模型：搭建 1,3-二甲基环己烷顺、反异构体的模型，观察两个甲基的位置，比较两种模型能否重合；观察其存在的对称因素。

（2）搭建 2,3-二羟基丁酸模型（共 4 种），互相比较是否重合及哪两种是对映异构体。

【注释】

[1]注意一定是沿着 C_2—C_3 单键来观察正丁烷构象。

[2]其中环己烷构象为椅式构象。

【思考题】

1. 试述有机化合物分子构象异构、顺反异构、对映异构的异同。

2. 一取代环己烷中的取代基为什么在 e 键上稳定？有多个取代基时为什么最大基团在 e 键上稳定？

（郝红英）

NOTE

·第三部分·
有机化合物制备实验

扫码看 PPT

实验一　环己烯的制备

【实验目的】

(1) 通过环己烯的制备巩固醇脱水反应制备烯烃的原理及方法。

(2) 学会蒸馏和分馏操作及分液漏斗的使用。

【实验原理】

烯烃是重要的化工原料,工业上主要通过石油裂解的方法制备烯烃,实验室中主要通过醇的分子内脱水、卤代烃脱卤化氢等反应制备烯烃。醇和卤代烃的消除反应的反应择向性皆遵循札依采夫规则(Zaitsev rule)。醇脱水生成烯烃时,需要加入催化剂,常用浓硫酸,也可以用磷酸、五氧化二磷等。

本实验采用浓硫酸作为催化剂,使环己醇脱水来制备环己烯,反应式如下:

$$\bigcirc\!\!-OH \xrightarrow[\triangle]{\text{浓 } H_2SO_4} \bigcirc + H_2O$$

【实验仪器、试剂】

1. 实验仪器

圆底烧瓶、分馏柱、蒸馏头、直形冷凝管、尾接管、锥形瓶、烧杯、分液漏斗、温度计套、温度计、电热套。

2. 实验试剂

环己醇、浓硫酸、食盐、5％碳酸钠溶液、无水氯化钙。

【实验步骤】

1. 环己烯的制备

将 15 g(15.6 mL,0.15 mol)环己醇[1]、1 mL 浓硫酸[2]和几粒沸石放入 50 mL 干燥的圆底烧瓶中,充分振摇使其混合均匀[3]。在烧瓶上方安装一短的分馏柱,分馏柱上方安装温度计套管,接上直形冷凝管,用锥形瓶作为接收瓶,外面用冰水冷却(图 3-1-1)。

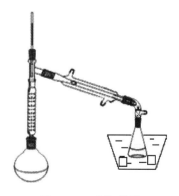

图 3-1-1　分馏装置

NOTE

用电热套将圆底烧瓶加热,使反应混合物缓慢加热至沸腾,控制加热速度使分馏柱上端的温度不超过 73 ℃[4],馏出液为环己烯和水的混浊液。若无馏出液蒸出,适当调高电压,当烧瓶中剩下很少量的残渣并出现阵阵白雾时,即可停止蒸馏[5]。

2. 环己烯的纯化

馏出液中加入食盐,使之饱和,然后加入 3～4 mL 5％碳酸钠溶液中和微量的酸,然后将此液体倒入分液漏斗中,振摇后静置分层。将有机层倒入干燥的锥形瓶中,用 1～2 g 无水氯化钙干燥。

3. 环己烯的精制

将干燥后的液体过滤到圆底烧瓶中,安装蒸馏装置,加热进行蒸馏[6],收集 82～85 ℃的馏分。计算产率。

纯环己烯为无色液体,沸点为 83 ℃,折射率为 1.4465。

【注释】

[1]环己醇在常温下是黏稠状液体,因而用量筒量取时应注意转移中的损失。

[2]也可以采用磷酸做脱水剂。

[3]环己醇与浓硫酸应充分混合,否则在加热过程中可能会发生局部碳化。

[4]最好使用油浴,以使蒸馏时受热均匀。由于反应中环己烯与水形成共沸物(沸点为 70.8 ℃,含水 10％),环己醇与环己烯形成共沸物(沸点为 64.9 ℃,含环己醇 30.5％);环己醇与水形成共沸物(沸点为 97.8 ℃,含水 80％)。因加热时温度不可过高,蒸馏速度不宜太快,以减少环己醇蒸出。

[5]全部蒸馏时间约需 1 h。

[6]在蒸馏已干燥的产物时,蒸馏所用仪器都应充分干燥。

【思考题】

1. 在粗制的环己烯中,加入食盐使水层饱和的目的是什么?

2. 在蒸馏终止前,出现的阵阵白雾是什么?

3. 为什么用无水氯化钙作为干燥剂?怎样判断干燥是否合格?

NOTE

实验二　正溴丁烷的制备

【实验目的】

(1) 学会用溴化钠、浓硫酸和正丁醇反应制备正溴丁烷的原理与方法。

(2) 学习带有气体吸收装置的回流操作,进一步巩固回流操作。

【实验原理】

卤代烷是有机合成上的重要中间体,卤代烷可以转换为醇、醚、腈、胺、烯等有机化合物。伯醇和氢卤酸发生亲核取代反应是制备卤代烷的一种重要方法,反应一般在酸性介质中进行。

实验室制备正溴丁烷是采用正丁醇与氢溴酸反应,但氢溴酸是一种挥发性很强的无机酸,直接使用不方便。因此在制备时采用溴化钠与浓硫酸作用产生氢溴酸直接参与反应。在该反应过程中,常常伴随消除反应和重排反应的发生。

$$NaBr + H_2SO_4 \longrightarrow NaHSO_4 + HBr$$

$$n\text{-}C_4H_9OH + HBr \xrightarrow{\text{浓 } H_2SO_4} n\text{-}C_4H_9Br + H_2O$$

【实验仪器、试剂】

1. 实验仪器

圆底烧瓶、球形冷凝管、蒸馏头、直形冷凝管、尾接管、锥形瓶、烧杯、分液漏斗、小漏斗、温度计套、温度计、电热套。

2. 实验试剂

正丁醇、浓硫酸、溴化钠、5%氢氧化钠溶液、饱和碳酸氢钠溶液、无水氯化钙。

【实验步骤】

1. 正溴丁烷的制备

方法一:在50 mL圆底烧瓶中加入6 mL水和8.3 mL(0.15 mol)浓硫酸,混合均匀后冷却至室温。再依次加入4 g(5 mL,0.054 mol)正丁醇及6.8 g(0.066 mol)溴化钠[1],振摇后,加入几粒沸石,安装回流装置,并在冷凝管上端接气体吸收装置[2],用5%氢氧化钠溶液作为吸收溶剂。加热回流0.5 h,回流过程中间歇振摇圆底烧瓶[3]。反应结束,稍冷却,改为蒸馏装置,蒸出正溴丁烷,至馏出液澄清为止[3]。

方法二:在250 mL的圆底烧瓶中,加入12.5 mL正丁醇和16.5 g研细的NaBr及2~3粒沸石。安装回流装置,在一个小锥形瓶内放入15 mL水,在冷水冷却条件下缓慢分次加入20 mL浓硫酸,并不断振摇锥形瓶。将稀释后的硫酸分四次从冷凝管上口加入至圆底烧瓶中,每加入一次,都要充分振摇使反应物混合均匀。加完硫酸后在冷凝管上口加装一个气体接收装置,用水作吸收溶剂。加热回流45 min,间歇振摇烧瓶。反应结束,待反应物冷却约5 min,改成蒸馏装置进行蒸馏,用装有30 mL水的锥形瓶接收[4],直至无油滴蒸出为止(图3-2-1)。

2. 正溴丁烷的纯化和精制

将馏出液倒入分液漏斗中,分出水层。将有机层转入至另一干燥[5]的分液漏斗

图 3-2-1 带有气体接收装置的回流装置

中,用等体积的浓硫酸洗涤,分出硫酸层[6];有机层再依次用等体积的水、饱和碳酸氢钠溶液及水洗涤。将正溴丁烷分出,放入干燥的锥形瓶中,加入无水氯化钙干燥。

将干燥后的液体过滤至 50 mL 圆底烧瓶中,安装蒸馏装置,收集 99~103 ℃馏分。方法一的产量为 4~5 g,方法二的产量约为 12 g。

纯正溴丁烷为无色透明液体,沸点为 101.6 ℃,折射率为 1.4399。

【注释】

[1]加料顺序不能颠倒,应先加水,再加浓硫酸,然后依次加入正丁醇和溴化钠。

[2]气体吸收装置的小漏斗倒置在盛吸收溶剂的烧杯中,其边缘应接近水面但不能全部浸入水面下,否则会产生倒吸现象。

[3]反应过程中浓硫酸和溴化钠会分层,间歇振摇圆底烧瓶可使反应物充分混合,产生溴化氢气体,使反应完全。

[4]30 mL 水的作用是用于判断正溴丁烷是否蒸出完全,若蒸出的液体不分层或油滴不往水下落,则说明正溴丁烷已完全蒸出。

[5]浓硫酸可溶解正丁醇、正丁醚及丁烯,使用干燥分液漏斗是为了防止漏斗中残余水分稀释硫酸而降低洗涤效果。

[6]用浓硫酸洗涤后,产品如呈红棕色,是浓硫酸氧化溴化氢生成溴的原因,这时可用饱和亚硫酸氢钠溶液代替水洗,以除去溴。

【思考题】

1. 加料时,如不按实验操作中的加料顺序,使溴化钠与浓硫酸混合,然后再加正丁醇和水,将会出现何现象?

2. 本实验有哪些副反应?产生哪些副产物?反应副产物如何去除?

3. 加热回流时,反应物呈红棕色,是何原因?洗后产物呈红色,应如何处理?

NOTE

扫码看 PPT

实验三　无水乙醇的制备

【实验目的】

（1）学习氧化钙法制备无水乙醇的原理和方法。

（2）学会利用普通试剂制备无水试剂的操作技术。

（3）熟练蒸馏和回流操作。

【实验原理】

在一些要求较高的有机化学实验中，常常要使用无水试剂，如无水乙醇、无水乙醚、无水苯等。由于无水试剂具有较强的吸水性，难以保存，因此通常在使用前制备。

工业用的 95％乙醇不能直接用蒸馏方法制备无水乙醇，因为 95％乙醇和 5％水形成共沸混合物。制备无水乙醇通常采用氧化钙法，该方法是以 95％乙醇为原料，加入干燥剂氧化钙进行回流，除去其中的水分，然后进行蒸馏，制得无水乙醇。这样制得的无水乙醇纯度可达 99.5％。

$$CaO + H_2O \longrightarrow Ca(OH)_2 \downarrow$$

$$2C_2H_5OH + Mg \longrightarrow (C_2H_5O)_2Mg + H_2 \uparrow$$

$$(C_2H_5O)_2Mg + 2H_2O \longrightarrow 2C_2H_5OH + Mg(OH)_2$$

【实验仪器、试剂】

1. 实验仪器

圆底烧瓶、蒸馏头、直形冷凝管、尾接管、锥形瓶、干燥管、分液漏斗、温度计、温度计套、电热套。

2. 实验试剂

95％或 99.5％乙醇、生石灰、镁条、5％碳酸钠溶液、无水氯化钙、碘粒。

【实验步骤】

1. 无水乙醇的制备

在 100 mL 干燥的圆底烧瓶[1]中加入 40 mL 95％乙醇，小心加入 10 g 块状生石灰后，用橡皮塞塞好放置过夜[2]。安装回流冷凝管，其上端接一个无水氯化钙干燥管，加热回流 1.5 h[3]。回流结束后，稍冷，将回流装置改为蒸馏装置，加热蒸馏，蒸去前馏分[4]，再用一个干燥的锥形瓶接收后续的馏分，直至烧瓶中剩余很少的液体，结束蒸馏（图 3-3-1）。

2. 绝对乙醇的制备

在 250 mL 圆底烧瓶中加入 0.8 g 干燥镁条[5]和 10 mL 99.5％乙醇，安装回流装置，回流冷凝管上端接一个无水氯化钙干燥管，加热回流至微沸，移去热源。立即加入几粒碘粒到圆底烧瓶中（注意不要振荡），碘粒周围会发生剧烈的反应，若反应慢可补加碘粒。镁条反应完后，补加 50 mL 99.5％的乙醇及沸石，再加热回流 1 h。回流结束后改成蒸馏装置，收集全部馏分，即得纯度为 99.95％的无水乙醇。

NOTE

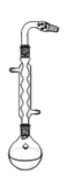

图 3-3-1 带有干燥管的回流装置

无水乙醇为无色透明液体,沸点为 78.5 ℃,折射率为 1.3611。

【注释】

[1]实验中所用仪器均需彻底干燥。无水乙醇具有很强的吸水性,因此操作过程中和储存时一定要严格防水。

[2]若不放置过夜,可适当延长回流时间。

[3]回流保持微沸即可,防止液体迸溅。

[4]蒸馏头有第一滴液体时,调节加热温度,控制蒸馏速度为 1~2 滴/秒。当温度上升特别慢或恒定时,用干燥的锥形瓶接收馏分,即为无水乙醇。

【思考题】

1. 一般用干燥剂干燥有机溶剂后,在蒸馏前应该先滤掉干燥剂。本实验为什么不事先将氧化钙滤掉而直接蒸馏?

2. 还有什么方法可以制备无水乙醇?

3. 若要得到纯度更高的无水乙醇,应该怎么处理?

扫码看PPT

实验四　乙醚的制备

【实验目的】

（1）学习伯醇分子间脱水制备简单醚的原理。

（2）知道实验室制备乙醚的方法。

（3）学会低沸点易燃液体的蒸馏操作。

【实验原理】

醚是一类重要的有机化合物,常用作有机合成中的溶剂。

两分子醇在酸（通常为硫酸）的催化下发生分子间脱水是制备醚的方法之一。该方法适用于用低级伯醇制备单醚,用仲醇制备单醚的收率不高,叔醇则主要发生分子内脱水生成烯烃。由于醇类在较高温度下可以发生分子内脱水生成烯烃,因此操作时要控制好反应温度,以避免过多烯烃副产物的生成。

乙醚是低沸点且易燃的液体,由乙醇制备乙醚时,乙醇先同等物质的量的浓硫酸作用,生成硫酸氢乙酯,硫酸氢乙酯再与乙醇反应生成乙醚。生成的乙醚不断地从反应瓶中蒸出。

$$CH_3CH_2OH + H_2SO_4 \longrightarrow CH_3CH_2OSO_2OH + H_2O$$

$$CH_3CH_2OSO_2OH + CH_3CH_2OH \xrightarrow{140\sim150\ ℃} CH_3CH_2OCH_2CH_3 + H_2SO_4$$

【实验仪器、试剂】

1. 实验仪器

三颈烧瓶、滴液漏斗、蒸馏头、直形冷凝管、尾接管、锥形瓶、烧杯、分液漏斗、温度计、温度计套、电热套。

2. 实验试剂

95％乙醇、浓硫酸、5％氢氧化钠溶液、饱和氯化钠溶液、无水氯化钙。

【实验步骤】

1. 乙醚的制备

在 100 mL 干燥的三颈烧瓶中放入 13 mL 95％乙醇,然后将三颈烧瓶浸入冰水浴中[1];一边摇动烧瓶一边慢慢加入 12.5 mL 浓硫酸,使其混合均匀,并加入几粒沸石。在三颈烧瓶瓶口分别安装滴液漏斗、温度计和蒸馏装置。滴液漏斗的末端、温度计的水银球应浸入液面以下距三颈烧瓶瓶底 0.5～1 cm 处,将接收瓶浸入冰盐水中冷却,弯接管支管处接上橡皮管,将其通入水槽中（注意整个装置必须严密不漏气）[2]（图 3-4-1）。

在滴液漏斗中加入 25 mL 95％乙醇,然后加热蒸馏,当反应温度升高到 140 ℃时,开始滴加乙醇,控制滴加乙醇的速度,使其和乙醚的馏出速度大致相同（每秒钟 1～2滴）[3]并维持反应温度在 140～150 ℃之间。乙醇滴加完毕后[4],继续加热 5～10 min,直到温度上升到 160 ℃时停止加热。

NOTE

2. 乙醚的纯化

将馏出液倒入分液漏斗中,依次用 8 mL 5%氢氧化钠溶液和 8 mL 饱和氯化钠溶液洗涤,最后用饱和氯化钙溶液洗涤两次(每次用 8 mL)。将乙醚层倒入干燥的锥形瓶中,用 2～3 g 无水氯化钙干燥。

3. 乙醚的精制

将干燥后的乙醚层进行蒸馏[5](用预先准备好的 50～60 ℃的热水浴),收集 33～38 ℃的馏分(图 3-4-2)。计算产率。

 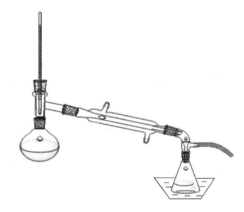

图 3-4-1　带有滴液漏斗、尾气排出的蒸馏装置　　图 3-4-2　带有尾气排出的蒸馏装置

纯乙醚为无色易挥发液体,沸点为 34.5 ℃。

【注释】

[1]防止乙醇挥发。

[2]乙醚沸点低,极易挥发(20 ℃时蒸气压为 58.9 kPa),且蒸气比空气重(约为空气的 2.5 倍),容易聚集在桌面附近。当空气中含有 1.85%～36.5%的乙醚蒸气时,遇火即会发生燃烧爆炸,因此必须保证装置严密不漏气。

[3]控制滴入乙醇的速度与乙醚馏出的速度相等,若滴加过快,乙醇还未反应就被蒸出,而且使反应液的温度下降,减少乙醚的生成。

[4]控制乙醇在 30～40 min 内滴加完毕。

[5]在使用和蒸馏过程中,一定要谨慎小心,同时要远离火源。

【思考题】

1. 反应温度过高或过低对反应有什么影响?

2. 在粗制乙醚中含有哪些杂质?怎样除掉这些杂质?其中为什么用饱和食盐水洗涤?用清水可不可以?

3. 蒸馏和使用乙醚时应注意哪些事项?为什么?

4. 为什么用无水氯化钙作为干燥剂?

NOTE

扫码看PPT

实验五 正丁醚的制备

【实验目的】

(1) 学习正丁醚的制备方法。

(2) 学会分水器的分水原理及分水实验操作。

【实验原理】

醚类化合物可分为简单醚、芳香醚和混合醚。简单醚常用醇在酸催化作用下脱水形成,而混合醚常用羧酸盐和卤代烃反应得到,芳香醚常用酚类物质和卤代烃反应得到。

正丁醚是比乙醚沸点高的单醚,通常利用分水器将生成的水从反应体系中除去,以提高醚的收率。

$$2CH_3CH_2CH_2CH_2OH \xrightarrow[135\ \text{℃}]{\text{浓 }H_2SO_4} CH_3CH_2CH_2CH_2OCH_2CH_2CH_2CH_3 + H_2O$$

【实验仪器、试剂】

1. 实验仪器

三颈烧瓶、分水器、球形冷凝管、蒸馏头、直形冷凝管、尾接管、锥形瓶、分液漏斗、小漏斗、温度计、温度计套、电热套。

2. 实验试剂

正丁醇、浓硫酸、5%氢氧化钠溶液、饱和氯化钠溶液、无水氯化钙。

【实验步骤】

1. 正丁醚的制备

在100 mL干燥的三颈烧瓶中,加入25 g(31 mL,0.34 mol)正丁醇、4.5 mL浓硫酸和适量沸石,将混合液充分摇匀。在三颈烧瓶一侧口安装温度计,温度计水银球浸入反应液液面下,中间颈口安装分水器,在分水器中放入$(V-3.5\ \text{mL})$水[1],分水器上接一球形冷凝管,另一口用磨口塞塞紧。将三颈烧瓶小心加热,保持反应液呈微沸状态,回流分水,回流液经冷凝管收集于分水器内。当烧瓶内反应液温度上升至135 ℃[2]左右,分水器全部被水充满时即可停止反应[3](图3-5-1)。

2. 正丁醚的纯化

将反应液冷却至室温,倒入盛有50 mL水的分液漏斗中,充分振摇,将上层粗产物依次用25 mL水、15 mL 5%氢氧化钠水溶液[4]、15 mL水和15 mL饱和氯化钠溶液洗涤,然后用1~2 g无水氯化钙干燥。

3. 正丁醚的精制

将干燥后的产物进行蒸馏,收集140~144 ℃的馏分。计算产率。

纯正丁醚为无色液体,沸点为142.4 ℃,折射率为1.3992。

【注释】

[1]V为分水器的体积,本实验根据理论计算失水体积为3 mL,实际分出水的体

NOTE

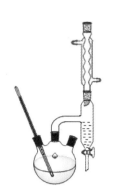

图 3-5-1　带有分水器的回流装置

积略大于计算量,故分水器放满水后先分掉约 3.5 mL 水。

[2]反应开始回流时,温度很难达到 135 ℃,因为反应物、产物均能与水形成共沸物:正丁醚与水形成共沸物(沸点为 94.1 ℃,含水 33.4%),正丁醚与水及正丁醇形成三元共沸物(沸点为 90.6 ℃,含水 29.9%,正丁醇 34.6%),正丁醇与水形成共沸物(沸点为 93.0 ℃,含水 44.5%)。随着反应的进行,水被蒸出,温度逐渐升高,最后达到 135 ℃ 左右。

[3]反应时间大约为 1.5 h。

[4]碱洗过程中,不要太剧烈地摇动分液漏斗,否则生成的乳浊液很难被破坏而影响分离。

【思考题】

1. 反应中可能产生的副产物是什么? 如何能避免过多副产物的生成?

2. 分水器的分水原理是什么?

3. 反应结束后为什么要将混合物倒入 50 mL 水中? 各步洗涤的目的何在?

4. 试比较正丁醚和乙醚在制备方法上的不同之处。

NOTE

实验六 苯乙酮的制备

【实验目的】

(1) 通过实验,知道用 Friedel-Crafts 反应(傅-克反应)制备芳香酮的原理和方法。

(2) 学习无水操作的使用,进一步巩固搅拌、蒸馏和萃取操作。

(3) 学习气体接收装置的基本操作。

【实验原理】

Friedel-Crafts 反应(傅-克反应)是制备芳香酮常用的一种方法,是苯与酰氯和酸酐在路易斯酸催化下发生的反应。常用的路易斯酸催化剂为无水三氯化铝、无水二氯化锌等。若苯环上连有强吸电子基团时,不能发生傅-克反应。

本实验采用苯与乙酸酐在无水三氯化铝的条件下合成苯乙酮,反应式为

$$苯 + (CH_3CO)_2O \xrightarrow{无水\ AlCl_3} 苯乙酮 + CH_3COOH$$

【实验仪器、试剂】

1. 实验仪器

三颈烧瓶、分液漏斗、搅拌器、球形冷凝管、干燥管、蒸馏头、直形冷凝管、尾接管、锥形瓶、烧杯、分液漏斗、小漏斗、温度计、温度计套、电热套。

2. 实验试剂

三氯化铝、无水苯、乙酸酐、20％氢氧化钠溶液、浓盐酸、5％氢氧化钠溶液、无水硫酸镁。

【实验步骤】

1. 苯乙酮的制备

在干燥的 250 mL 三颈烧瓶中,加入 20 g 研细的三氯化铝[1]、30 mL 无水苯。在三颈烧瓶口分别安装滴液漏斗、搅拌器、冷凝管,冷凝管管口装氯化钙干燥管[2],后接气体接收装置,其中盛有 20 mL 20％ NaOH 溶液作为吸收液。滴液漏斗中盛有 6 mL(约 0.063 mol)乙酸酐和 10 mL 无水苯混合液,先在搅拌下将滴液漏斗中的混合液滴入三颈烧瓶中,约 20 min 滴完。滴加完毕后,加热回流 0.5 h,至无 HCl 气体逸出为止。冷却后将三颈烧瓶浸入冷水浴中,在搅拌下慢慢加入 50 mL 浓盐酸和 50 mL 水的混合液。当瓶内固体完全溶解后,分出苯层,接着水层用 30 mL 苯分两次萃取,合并苯层(图 3-6-1)。

2. 苯乙酮的纯化

苯层依次用 20 mL 5％氢氧化钠溶液、水进行洗涤,洗涤后的苯层用无水硫酸镁进行干燥。

NOTE

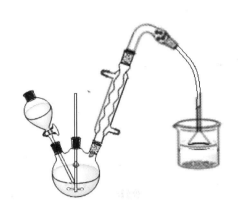

图 3-6-1　带有滴液漏斗、尾气接收的回流装置

3．苯乙酮的精制

将干燥后的产物进行蒸馏，先蒸出溶剂苯[3]，稍冷后改用空气冷凝管，收集 198～202 ℃的馏分。计算产率。

纯苯乙酮为无色液体，沸点为 202.0 ℃，折射率为 1.5372。

【注释】

[1]无水三氯化铝在研细、称量、投料的过程中要迅速，避免在空气中暴露后吸水，吸水后会导致实验失败。三氯化铝会灼伤皮肤，应避免接触皮肤。

[2]无水操作是本实验成败的关键，所有的仪器必须充分干燥，装置中能和空气接触的地方需安装干燥管。

[3]由于苯乙酮产物不多，宜选用容积小的蒸馏瓶，苯溶液可通过分液漏斗分次加入。

【思考题】

1．如何去除苯中少量的噻吩？

2．为什么要用过量的苯和三氯化铝？

3．氯化氢气体接收装置中，气体出口能否远离吸收液液面或浸入液面下？为什么？

NOTE

扫码看PPT

实验七　环己酮的制备

【实验目的】

（1）学习由醇氧化制备酮的反应原理和实验方法。

（2）学会简易水蒸气蒸馏的原理及操作方法。

【实验原理】

环己酮是工业上常用的有机合成原料及溶剂。醛和酮可通过相应的伯醇和仲醇氧化制得，实验室中主要通过氧化环己醇来制备环己酮。环己酮虽然较为稳定，但仍必须严格控制反应条件，勿使氧化反应过于剧烈，否则将进一步被氧化而发生碳链断裂。

本实验采用铬酸作为氧化剂，铬酸是重铬酸盐与40%～50%硫酸的混合物。反应式如下：

$$3 \; \text{环己醇} + Na_2Cr_2O_7 + 5H_2SO_4 \longrightarrow 3 \; \text{环己酮} + Cr_2(SO_4)_3 + 2NaHSO_4 + 7H_2O$$

【实验仪器、试剂】

1. 实验仪器

圆底烧瓶、滴液漏斗、球形冷凝管、蒸馏头、直形冷凝管、尾接管、锥形瓶、分液漏斗、小漏斗、温度计、温度计套、电热套。

2. 实验试剂

环己醇、浓硫酸、重铬酸钠、草酸、氯化钠、无水硫酸镁。

【实验步骤】

1. 环己酮的制备

在150 mL的圆底烧瓶中，加入30 mL水和一粒搅拌子，在搅拌下慢慢加入5 mL浓硫酸，混合均匀并冷却至室温。小心加入5.2 mL环己醇（5 g，0.05 mol）。在上述混合液中插入温度计，以监测反应温度（图3-7-1）。

在烧杯中加入5.1 g重铬酸钠水合物（$Na_2Cr_2O_7 \cdot 2H_2O$，0.017 mol）[1]，加入5 mL水使其全部溶解并冷却至室温，得到橙红色溶液，取此溶液1 mL加入圆底烧瓶中，充分搅拌，可观察到反应液由橙红色变为墨绿色并且温度计的温度上升[2]，说明氧化还原反应已经开始[3]。继续向烧瓶中滴加剩余的重铬酸钠溶液，同时不断搅拌，控制滴加速度，保持反应液的温度为55～60 ℃[4]，若超过此温度立即用水浴进行冷却。

滴加完毕后继续搅拌30 min左右，直至反应液完全变为墨绿色并且温度开始下降，若反应液不能完全变为墨绿色，可加入少量草酸（0.5 g左右）以还原过量的氧化剂[5]。

向圆底烧瓶中加入25 mL水和几粒沸石，改成蒸馏装置，加热蒸馏，收集95 ℃的

NOTE

图 3-7-1 带有滴液漏斗的回流装置

馏分,利用环己酮与水共沸(环己酮 38.4%,水 61.6%)将环己酮与水一起蒸出,直至馏出液变澄清后再蒸出 5 mL(共收集馏分 20~25 mL)[6]。

2．环己酮的纯化

馏出液中加入氯化钠(4~5 g)使之饱和,搅拌使氯化钠溶解,转入分液漏斗中,静置,分层后分去水相(下层)[7]。

3．环己酮的精制

将有机相转入干燥的锥形瓶中,加入无水硫酸镁干燥 15 min,过滤除去硫酸镁,滤液转入 50 mL 圆底烧瓶中继续蒸馏,收集 150~156 ℃的馏分于一已称量的干燥锥形瓶中。称量(产量为 3~3.5 g),计算产率。

纯环己酮为无色透明液体,沸点为 155.6 ℃,折射率为 1.4507。

【注释】

[1]重铬酸钠是强氧化剂且有毒,应避免与皮肤接触,残留物不得随意乱倒,回收到指定容器中,避免污染环境。

[2]橙红色的重铬酸盐变为墨绿色的低价铬盐。

[3]若氧化还原反应没有发生,不要继续加氧化剂,铬酸达到一定浓度时,氧化还原反应会非常剧烈,有失控的风险。

[4]温度过低,反应进行太慢,温度过高,可能导致酮的断链氧化。

[5]也可加入 0.5 mL 左右甲醇。

[6]这一步蒸馏实质上是简化的水蒸气蒸馏。水的馏出量不宜过多,否则盐析后仍有少量环己酮溶于水而损失掉。

[7]31 ℃时环己酮在水中的溶解度为 2.4 g,加入氯化钠是为了利用盐析效应降低环己酮的溶解度,有利于其分层。有未溶解的氯化钠时,不要带入分液漏斗中,以免引起堵塞。

【思考题】

1．在加入重铬酸钠溶液的过程中,为什么要待反应物的橙红色消失后,才能加入下一批? 在整个氧化还原过程中,为什么要控制温度在一定的范围?

2．反应结束后,为什么要向反应物中加入草酸? 不加有什么影响?

3．本实验中重铬酸钠能否改成高锰酸钾? 为什么?

扫码看PPT

实验八　苯甲酸的制备

【实验目的】

(1) 学习苯甲酸的制备原理及方法。

(2) 通过实验进一步巩固回流、蒸馏、抽滤等操作。

【实验原理】

苯甲酸俗称安息香酸,可用作食品防腐剂、聚酰胺树脂改性剂、医药和燃料中间体,还可用于制备增塑剂和香料等。苯甲酸的工业生产方法主要有三种:甲苯液相空气氧化法、三氯甲苯水解法和邻苯二甲酸酐脱水法。

实验室制备苯甲酸常用的方法为甲苯氧化法。苯环的结构非常稳定,一般情况下,与氧化剂如稀硝酸、高锰酸钾、过氧化氢、铬酸等都不反应。若苯环上连有侧链且含有 α-氢原子,遇到强氧化剂时,侧链可被氧化成羧酸。

本实验采用高锰酸钾作为氧化剂,氧化甲苯得到苯甲酸钾盐,酸化后得到苯甲酸。反应式如下:

$$\text{C}_6\text{H}_5\text{CH}_3 + 2\text{KMnO}_4 \longrightarrow \text{C}_6\text{H}_5\text{COOK} + 2\text{MnO}_2 + \text{H}_2\text{O} + \text{KOH}$$

$$\text{C}_6\text{H}_5\text{COOK} + \text{HCl} \longrightarrow \text{C}_6\text{H}_5\text{COOH} + \text{KCl}$$

氧化反应一般都是放热反应,为使反应能够平稳地进行,必须控制反应在一定的温度下进行。

【实验仪器、试剂】

1. 实验仪器

圆底烧瓶、球形冷凝管、布氏漏斗、抽滤瓶、抽滤垫、烧杯、电热套。

2. 实验试剂

甲苯、高锰酸钾、浓盐酸。

【实验步骤】

1. 苯甲酸的制备

在 250 mL 圆底烧瓶中加入 3.2 mL 甲苯(2.78 g,0.03 mol)、130 mL 水、10 g 高锰酸钾(0.063 mol)和一粒搅拌子。搅拌使高锰酸钾溶解,反应液分层,上层为甲苯,下层为紫红色高锰酸钾水溶液[1]。安装回流冷凝管,搅拌下加热至反应液沸腾,回流反应 1.5～2 h,直至甲苯层几乎消失,回流液中不再有油珠,此时溶液的紫色全部褪去[2](图 3-8-1)。

趁热抽滤除去反应生成的二氧化锰,用少量热水洗涤滤渣。滤液冷却至室温,搅

NOTE

图 3-8-1 回流装置

拌下慢慢加入浓盐酸酸化,至 pH 为 2～3,有大量白色晶体析出。

2. 苯甲酸的精制

将析出的苯甲酸抽滤,用少量冷水洗涤,干燥[3],称量,计算产率。若要得到纯净产品,可在水中进行重结晶[4]。

纯苯甲酸为鳞片状或针状晶体,熔点为 122.1 ℃。

【注释】

[1]上层的量非常少,只有薄薄的一层,需仔细观察。

[2]如果氧化反应进行完全,反应液仍有紫红色,可能是有稍过量的高锰酸钾。可加入少量亚硫酸氢钠。操作时,需关闭加热,持续搅拌,慢慢从冷凝管上口滴加饱和的亚硫酸氢钠溶液至紫红色消失即可。

[3]苯甲酸在 100 ℃左右开始升华,故干燥温度不宜太高,50～60 ℃即可。

[4]苯甲酸在不同温度时于 100 mL 水中的溶解度分别为 0.18 g(4 ℃),0.27 g(18 ℃),2.2 g(75 ℃)。

【思考题】

1. 反应完毕后,反应液仍有紫红色,为什么可以加入亚硫酸氢钠?原理是什么?是否可用其他试剂替代?

2. 简述重结晶的操作过程。

3. 精制纯化苯甲酸,还有什么方法?

NOTE

扫码看PPT

·有机化学实验·

实验九 己二酸的制备

【实验目的】

(1) 学习环己醇氧化制备己二酸的原理和方法。

(2) 学习有毒气体生成物的处理方法。

【实验原理】

己二酸是合成尼龙-66 的主要原料之一,工业上制备己二酸的方法主要有腈水解法、格氏试剂法和氧化法。

实验室制备己二酸可通过强氧化剂氧化环己醇制得,仲醇氧化得到酮,酮遇到强氧化剂(如高锰酸钾、硝酸等)时可继续被氧化,碳链断裂生成碳原子数更少的羧酸,而环己酮是环状结构,控制好反应温度,碳链氧化断裂后可得到单一产物己二酸。

本实验采用 50% 硝酸为氧化剂,氧化环己醇得环己酮,环己酮进一步被氧化后开环,最终制得己二酸。反应式如下:

$$3\ \underset{}{\text{OH}} +8HNO_3 \longrightarrow 3\ \begin{matrix}\text{COOH}\\\text{COOH}\end{matrix} +7H_2O+8NO$$

反应过程中产生的一氧化氮气体极易被空气中的氧气氧化成二氧化氮,并需用碱液吸收。

【实验仪器、试剂】

1. 实验仪器

三颈烧瓶、滴液漏斗、球形冷凝管、小漏斗、烧杯、布氏漏斗、抽滤垫、抽滤瓶、温度计、温度计套、电热套。

2. 实验试剂

环己醇、浓硝酸、稀氢氧化钠溶液、饱和氯化钠溶液、无水氯化钙。

【实验步骤】

1. 己二酸的制备

在 50 mL 三颈烧瓶中加入 10 mL 水、10 mL 浓硝酸(0.16 mol)和一粒搅拌子,搅拌均匀后,在三颈烧瓶上安装回流冷凝管、温度计和滴液漏斗,并在回流冷凝管上接一气体吸收装置,用稀氢氧化钠溶液吸收反应过程中产生的二氧化氮气体[1](图3-9-1)。

将 4.2 mL 环己醇(4 g,0.04 mol)置于滴液漏斗中[2]。搅拌下水浴加热至 80 ℃,从滴液漏斗中滴加 2 滴环己醇,反应立即开始,温度计的温度随即上升至 85～90 ℃,逐滴滴加剩余的环己醇,控制滴加速度[3],使反应液的温度始终控制在 85～90 ℃[4],当环己醇全部加入,且反应液的温度降回 80 ℃时,将反应液升温至 85～90 ℃继续搅拌 15 min,使其充分反应。

2. 己二酸的精制

将反应液趁热倒入烧杯中[5],放于冰水浴中充分冷却,有晶体析出,抽滤,用少量

NOTE

108

图 3-9-1 带有滴液漏斗、尾气接收的回流装置

冰水洗涤滤饼,干燥后称量(粗产量约为 4 g),计算产率。若要得到纯净产品,可在水中进行重结晶。

纯己二酸为白色晶体,熔点为 152 ℃。

【注释】

[1]二氧化氮为红棕色气体,有毒,所以装置要求安装严密,不漏气。反应结束拆卸装置时,也应移至通风橱中进行。

[2]环己醇和硝酸切不可用同一量筒量取,两者相遇会剧烈反应并放出大量热,容易发生意外。环己醇在室温下为黏稠状液体,极易残留在量筒中,为了减少转移的损失,可用少量温水冲洗量筒,并入分液漏斗中,既降低了环己醇的凝固点,也可避免漏斗堵塞。

[3]反应为放热反应,滴加环己醇时严格控制滴加速度,切不可滴加太快,以免反应过于剧烈,失去控制。

[4]必要时可向水浴中添加冷水降温。

[5]反应完毕后,要趁热倒出反应液,若任其冷却,己二酸会结晶析出,不容易倒出,造成产品的损失。

【思考题】

1. 为什么要严格控制氧化反应的温度?

2. 如果烧瓶中的温度超过 90 ℃,应如何处理?

3. 用氢氧化钠溶液吸收反应过程中产生的气体,原理是什么?

NOTE

扫码看PPT

实验十　乙酸乙酯的制备

【实验目的】

（1）学习酯化反应的原理和乙酸乙酯的制备方法。

（2）知道提高可逆反应转化率的实验方法。

（3）学会液体有机化合物的洗涤、干燥及蒸馏等精制方法。

【实验原理】

乙酸乙酯是一种重要的有机溶剂和化工原料。乙酸乙酯的合成方法很多,例如:可以用乙酸或其衍生物与乙醇反应制得,也可以用乙酸钠与卤代烷反应来合成。其中最常用的方法是在酸催化下,乙酸和乙醇直接酯化,常用浓硫酸、浓盐酸、对甲苯磺酸等作催化剂。

本实验采用浓硫酸作催化剂,乙酸和乙醇酯化生成乙酸乙酯,反应式如下:

主反应:

$$CH_3COOH + CH_3CH_2OH \underset{110\sim120\ ℃}{\overset{H_2SO_4}{\rightleftharpoons}} CH_3COOCH_2CH_3 + H_2O$$

副反应:

$$2CH_3CH_2OH \underset{140\ ℃}{\overset{H_2SO_4}{\rightleftharpoons}} CH_3CH_2OCH_2CH_3 + H_2O$$

$$CH_3CH_2OH \xrightarrow[170\ ℃]{H_2SO_4} CH_2{=\!=}CH_2 + H_2O$$

酯化反应为可逆反应,为了提高乙酸乙酯的产率,一方面加入过量的乙醇,另一方面在反应过程中不断蒸出生成的酯和水,促使平衡向生成酯的方向移动。

【实验仪器、试剂】

1. 实验仪器

三颈烧瓶、圆底烧瓶、滴液漏斗、球形冷凝管、蒸馏头、直形冷凝管、尾接管、锥形瓶、小漏斗、温度计、温度计套、电热套。

2. 实验试剂

95％乙醇、冰乙酸、浓硫酸、20％饱和碳酸钠溶液、饱和氯化钠溶液、饱和氯化钙溶液、无水硫酸钠。

【实验步骤】

1. 乙酸乙酯的制备

方法一:在 150 mL 圆底烧瓶中,加入 23 mL 95％乙醇和 15 mL 冰乙酸,振摇下分次加入 7.5 mL 浓硫酸[1],摇匀后加入 2～3 粒沸石。安装回流装置,加热回流 30 min。停止加热,冷却至冷凝管管口无滴液时,改为蒸馏装置,蒸馏至不再有馏出物为止,得到乙酸乙酯粗品(图 3-10-1)。

方法二:在 150 mL 三颈烧瓶中,加入 10 mL 95％乙醇,在振摇下分次加入 10 mL 浓硫酸,摇匀后加入 2～3 粒沸石。按图 3-10-2 所示安装好实验装置(温度计和滴液漏

NOTE

斗应插入液面下,漏斗末端应距瓶底 0.5～1 cm[2])。装置安装好后,在滴液漏斗中加入由 20 mL 95％的乙醇和 20 mL 冰醋酸组成的混合液,先向瓶内滴入 3～4 mL,然后在电热套上慢慢加热到 110～120 ℃,这时蒸馏管口应有液体流出,再由滴液漏斗慢慢滴加剩余的混合液,控制滴加速度与蒸出液体的速度尽可能相同(约 70 min 滴完),并始终维持反应液温度在 110～120 ℃之间[3]。滴完后继续保温 120 ℃至不再有液体流出为止,锥形瓶中接收的溶液为乙酸乙酯粗品。

图 3-10-1　回流装置

图 3-10-2　带有滴液漏斗的回流装置

2. 乙酸乙酯的纯化

乙酸乙酯层用 20 mL 20％饱和碳酸钠溶液分两次进行洗涤[4],接着依次用 10 mL 饱和氯化钠溶液、10 mL 饱和氯化钙溶液洗涤[5],弃去下层液,从分液漏斗上口将酯层倒入至干燥的 50 mL 锥形瓶中,每 10 mL 乙酸乙酯加入 1～2 g 无水 Na_2SO_4 干燥至溶液澄清。

3. 乙酸乙酯的精制

将干燥澄清的粗乙酸乙酯过滤到 50 mL 圆底烧瓶中,安装蒸馏装置进行蒸馏,收集 73～78 ℃的馏分,称量,计算产率。

纯乙酸乙酯为无色透明液体,具有果香味,沸点为 77.06 ℃,折射率为 1.3727。

【注释】

[1]本实验需加入浓硫酸作为脱水剂和催化剂。

[2]滴液漏斗的末端必须插入液面下,如果在液面上滴入的乙醇和乙酸溶液来不及反应即被蒸出,影响反应速度和产量;若插入液面太深,由于压力关系,混合溶液难以滴下。

[3]加热温度不宜过高,否则会增加副产物的含量,或反应物碳化减少产量。若滴加速度过快会使乙酸和乙醇来不及反应就被蒸出,减少产量。

[4]在流出液中会混有未反应完的酸性杂质,需加入碳酸钠溶液去除。

[5]为减小酯在水中的溶解度,采用饱和氯化钠溶液洗涤。必须把碳酸钠除净,才能用饱和氯化钙溶液洗涤,否则,会产生絮状的碳酸钙沉淀。

【思考题】

1. 本实验中采取了哪些措施促使酯化反应向生成乙酸乙酯的方向进行?

2. 本实验中可能有哪些副反应? 粗产物中会有哪些杂质? 如何除去这些杂质?

3. 本实验加入过量的浓硫酸的目的是什么?

4. 实验成败的关键是什么?

5. 本实验是否可以采用过量乙酸? 为什么?

NOTE

扫码看PPT

实验十一 乙酰水杨酸的制备

【实验目的】

(1) 通过实验学习酰化反应的原理及方法。

(2) 通过乙酰水杨酸的纯化过程,熟练减压过滤及重结晶操作技术。

【实验原理】

乙酰水杨酸即阿司匹林(aspirin),具有解热镇痛、治疗感冒、软化血管的作用,会使肠癌的发生率降低 30%～50%。

水杨酸具有镇痛、退热等作用,常用于治疗风湿病和关节炎,但对胃肠道具有较大的刺激作用,研究发现水杨酸进行乙酰化后可保持原有活性并能减小其副作用。水杨酸是一种具有羧基和酚羟基的双官能团化合物,可以根据反应的特性基团不同发生两种酯化反应。即水杨酸与乙酸酐或乙酰氯反应,生成乙酰水杨酸,反应式如下:

水杨酸与甲醇反应,可生成水杨酸甲酯,反应式如下:

酚羟基与羧基容易形成分子内氢键,阻碍酰化和酯化反应的发生,加入少量的浓硫酸、浓磷酸或高氯酸等破坏氢键,不仅可以降低反应温度,也可以减少副产物的生成。水杨酸可发生分子间缩合反应生成聚合物,此聚合物不溶于碳酸氢钠,水杨酸可溶于碳酸氢钠,可利用溶解性的不同进行乙酰水杨酸的纯化。

反应中水杨酸常与反应产物共存,这是由于水杨酸乙酰化不完全或产物在分离步骤中发生水解造成;产物的纯度可利用酚羟基能与 $FeCl_3$ 形成蓝紫色配合物的反应来进行检测。

【实验仪器、试剂】

1. 实验仪器

锥形瓶、烧杯、布氏漏斗、抽滤瓶、抽滤垫、电热套、试管。

2. 实验试剂

水杨酸、乙酸酐、盐酸、95%乙醇、饱和碳酸氢钠溶液、三氯化铁溶液。

NOTE

【实验步骤】

1. 乙酰水杨酸的合成

方法一：在 100 mL 干燥的锥形瓶中加入 2 g 水杨酸和 3.5 mL 乙酸酐，加入乙酸酐时需不断振摇，防止出现不溶物。接着滴加 2 滴浓硫酸，充分振摇，使水杨酸溶解，在 75～80 ℃的恒温水浴锅中[1]，不断振摇反应 15～20 min。自然冷却至室温，有晶体析出（若无晶体析出可用玻璃棒摩擦瓶壁至出现结晶）[2]，不断搅拌下加 50 mL 蒸馏水至锥形瓶中，搅散大块晶体使过量的乙酸酐分解，继续在冷水浴中冷却至晶体析出完全。抽滤，先用滤液将晶体完全转移至布氏漏斗中，再用蒸馏水洗涤晶体 2～3 次，抽干晶体。将晶体转移至表面皿中，自然晾干，称量，得粗产物。

方法二：在 100 mL 干燥的锥形瓶中加入 2 g 水杨酸、0.1 g 无水碳酸钠和 1.8 mL 乙酸酐，充分振摇，使水杨酸溶解，在 75～80 ℃的恒温水浴锅中，不断振摇反应 10 min。趁热将反应液倒入盛有 30 mL 蒸馏水和 0.5 mL 盐酸的烧杯中[3]，倒入过程中需不断搅拌。继续在冷水浴中冷却至晶体析出完全。抽滤，用蒸馏水洗涤晶体 2～3 次，抽干晶体，干燥，得粗产物。

2. 乙酰水杨酸的纯化

方法一：将粗产物放入 50 mL 锥形瓶中，加入 95％乙醇 5 mL，水浴加热至完全溶解，趁热滴加 50～60 ℃的温水 15 mL 至溶液变混浊，冷却后有大量晶体析出，抽滤。先用滤液将晶体完全转移至布氏漏斗中，再用 10 mL 醇-水（体积比为 1∶3）溶液洗涤晶体 2～3 次，抽干晶体，自然晾干，称量，计算产率。

方法二：将粗产物放入 100 mL 小烧杯中，加入 25 mL 饱和碳酸氢钠溶液，搅拌至无气泡产生。抽滤除去不溶物，用 5～10 mL 蒸馏水洗涤不溶物，将滤液倒入盛有 4 mL 浓盐酸和 10 mL 水的烧杯中，搅拌均匀，有晶体析出。继续在冷水浴中冷却至晶体析出完全，抽滤，洗涤晶体 2～3 次，抽干，干燥，称量，计算产率。

3. 产品纯度检验

取少量纯品于试管中，加入 5 mL 水溶解后，滴加 2 滴 1％三氯化铁溶液，观察颜色变化。

测定熔点[4]，乙酰水杨酸为白色针状晶体，文献报道其熔点为 135～136 ℃。

【注释】

[1]反应过程中，反应温度不宜过高，否则副产物增多；盛有反应物的锥形瓶不能离开水浴，否则反应不完全。

[2]冷却速度过快，溶液中容易出现油状物，影响产品质量。若出现油状物需重新水浴加热，并用玻璃棒将油状物完全打散。

[3]加入盐酸的目的是使乙酰水杨酸游离，游离的乙酰水杨酸在水中的溶解度小，可从溶液中析出。

[4]乙酰水杨酸遇热易分解，熔点不明显。在熔点测定时，应先将载体加热至 120 ℃左右，再放入样品进行测定。

【思考题】

1. 反应中为什么使用过量的乙酸酐，而不用过量的水杨酸？

2. 制备乙酰水杨酸时，为何要加浓硫酸？

3. 反应仪器为何要干燥无水？

4. 重结晶操作包括哪些步骤？什么叫混合溶剂重结晶？

5. 反应中有哪些副产物？应如何除去？

实验十二　乙酰苯胺的制备

【实验目的】

(1) 学习酰化反应的原理和过程,知道乙酰苯胺的制备原理和实验操作。

(2) 通过乙酰苯胺的纯化过程,进一步巩固重结晶的操作方法。

【实验原理】

苯胺的酰化反应是有机合成中比较重要的一类反应,可用来保护氨基、降低芳胺对氧化剂的敏感性;也可降低氨基在亲电取代中的反应活性,特别是卤化反应可进行单取代。药物合成中常用酰化反应降低芳胺的毒性。

芳胺可与酰氯、酸酐、磺酰氯等发生酰化反应,酰胺在酸碱催化下可以重新解离恢复氨基。芳胺乙酰化反应常用的酰化剂为乙酸、乙酸酐、乙酰氯等,其中乙酸价格便宜,但反应活性低;乙酸酐和乙酰氯反应活性高,但价格昂贵。本实验采用乙酸酐作乙酰化试剂,反应式如下:

$$\text{苯胺}-NH_2 + (CH_3CO)_2O \rightleftharpoons \text{苯胺}-NHCCH_3 + CH_3COOH$$

本反应是可逆反应,为了提高平衡转化率,加入过量的乙酸酐。反应中加入锌粉可防止苯胺的氧化,但不能加入过多,否则易形成氢氧化锌而难以处理。

【实验仪器、试剂】

1. 实验仪器

圆底烧瓶、分馏柱、蒸馏头、直形冷凝管、尾接管、锥形瓶、烧杯、布氏漏斗、抽滤垫、抽滤瓶、温度计、温度计套、电热套。

2. 实验试剂

苯胺、乙酸、乙酸酐、锌粉、浓盐酸、活性炭、乙酸钠。

【实验步骤】

1. 乙酰苯胺的合成

方法一:在 100 mL 干燥的圆底烧瓶中加入 5 mL 新蒸苯胺[1]、7.5 mL 乙酸和 0.1 g 锌粉,安装分馏装置[2],先用小火加热,使反应物保持微沸 15 min。然后逐渐升高温度,保持分馏柱温度在 100～110 ℃,反应 1 h[3]。当温度计读数下降或瓶内出现白雾时,停止加热。趁热将反应物倒入 100 mL 的冰水中[4],剧烈搅拌,有固体析出。冷却至结晶完全,抽滤,先用滤液将晶体转移至布氏漏斗中,再用蒸馏水洗涤 2～3 次,抽干,得到粗产品(图 3-12-1)。

方法二:在 100 mL 烧杯中加入 5 g 苯胺,在冰水浴冷却下缓慢加入 6 mL 乙酸酐,用玻璃棒搅拌 30 min 至糊状。将糊状物转移至 250 mL 的烧杯中,再加入 100 mL 蒸馏水,冰水浴冷却至晶析出完全,抽滤,先用滤液将晶体转移至布氏漏斗中,再用蒸

图 3-12-1 分馏装置

馏水洗涤 2～3 次,抽干,得到粗产品。

方法三:在 250 mL 烧杯中加入 100 mL 水和 5 mL 浓盐酸,在搅拌下加入 6 mL 苯胺,待苯胺完全溶解后加入 1 g 活性炭,搅拌均匀后加热煮沸 5 min,趁热抽滤以除去活性炭和不溶物。将滤液转移至 250 mL 烧杯中,加入 7 mL 乙酸酐,再加入 50 ℃ 含有 8 g 乙酸钠的水溶液 20 mL,混合均匀。放入冰水浴中冷却,使其结晶完全。抽滤,用少量蒸馏水洗涤 2～3 次,抽干,得到粗产品。此法制备的乙酰苯胺较为纯净,可不用进行进一步纯化。

2. 乙酰苯胺的纯化

将粗乙酰苯胺转入盛有 100 mL 热水的烧杯中,加热至沸,使之溶解,如仍有未溶解的油珠,可补加热水。稍冷却后,加入约 1 g 活性炭[5],在加热下搅拌几分钟,趁热抽滤[6]。滤液自然冷却至室温,析出乙酰苯胺的白色晶体。抽滤,干燥,称量,计算产率。

乙酰苯胺为无色片状结晶,熔点为 114.3 ℃。

【注释】

[1]苯胺易氧化,久置后颜色会加深,影响乙酰苯胺的质量,所以最好使用新蒸的苯胺。

[2]刺形分馏柱需特殊定制,可在保证分馏效果的情况下,尽量缩短长度,否则整个装置太高,影响柱顶温度的控制。

[3]生成的副产物乙酸和水被蒸馏出,总体积约为 4.5 mL。

[4]反应液冷却后,固体物质会粘在瓶壁难以处理,所以需趁热在搅拌下倒入冷水中,可除去过量的乙酸和未反应的苯胺。

[5]加入活性炭可去除晶体中的色素,一般用量为样品的 5%。

[6]趁热过滤过程中,需预热抽滤装置,防止热溶液遇到冷的抽滤装置时析出晶体,降低乙酰苯胺的产量。

【思考题】

1. 本实验中采用哪些措施来提高乙酰苯胺的产率?

2. 常用的乙酰化试剂有哪些?哪一种较经济?哪一种反应最快?

3. 苯胺进行乙酰化的作用是什么?

扫码看PPT

实验十三　苯甲酸和苯甲醇的制备

【实验目的】

(1) 学习利用苯甲醛通过 Cannizzaro 反应制备苯甲醇和苯甲酸的原理。

(2) 学会液体和固体有机物的纯化方法,熟练洗涤、蒸馏及重结晶等纯化操作。

(3) 了解回收乙醚应采用的装置及注意事项。

【实验原理】

Cannizzaro 反应:无 α-H 的醛类和浓的强碱溶液作用时,发生分子间的自身氧化还原反应,一分子醛被还原成醇,另一分子醛被氧化成酸,此反应称为 Cannizzaro 反应,例如:

$$2\ \underset{}{\bigcirc}\text{—CHO} + \text{NaOH} \longrightarrow \underset{}{\bigcirc}\text{—CH}_2\text{OH} + \underset{}{\bigcirc}\text{—COONa}$$

$$\underset{}{\bigcirc}\text{—COONa} + \text{HCl} \longrightarrow \underset{}{\bigcirc}\text{—COOH} + \text{NaCl}$$

反应后产物的分离纯化可利用两种产物在水和乙醚中溶解度的不同进行,即苯甲醇易溶于乙醚,而苯甲酸钠易溶于水,用乙醚可将苯甲醇从水溶液中萃取出。苯甲酸的精制利用的是苯甲酸在热水中溶解,在冷水中不溶的性质。

【实验仪器、试剂】

1. 实验仪器

三颈烧瓶、圆底烧瓶、搅拌器、球形冷凝管、蒸馏头、直形冷凝管、尾接管、锥形瓶、空气冷凝管、小漏斗、温度计、温度计套、烧杯、布氏漏斗、抽滤瓶、抽滤垫、电热套。

2. 实验试剂

氢氧化钠、苯甲醛、乙醚、饱和亚硫酸氢钠溶液、10％碳酸氢钠溶液、无水硫酸镁、浓盐酸、刚果红试纸、活性炭。

【实验步骤】

1. 苯甲酸和苯甲醇的合成

方法一:在 150 mL 锥形瓶中,将 6.5 g 氢氧化钠溶于 9 mL 水中,冷却至室温后,在振摇下,分 3 次加入 10 mL 苯甲醛,用橡皮塞塞好瓶口,用力振荡,直到生成白色乳状液为止。塞紧瓶口,静置 24 h。在反应混合物中加入 20 mL 蒸馏水,振摇使固体完全溶解。

方法二:在 250 mL 三颈烧瓶中加入 8 g 氢氧化钠和 30 mL 水,搅拌溶解。冷却后加入 10 mL 苯甲醛,安装机械搅拌和回流装置,另一口塞住。开启搅拌器,调节转速,使搅拌平稳匀速。加热回流 40 min,停止加热,从球形冷凝管管口缓慢加入 20 mL 蒸馏水,混合均匀后冷却至室温(图 3-13-1)。

NOTE

图 3-13-1　带有搅拌的回流装置

2. 苯甲酸和苯甲醇的纯化

将反应混合液倒入分液漏斗中,用 30 mL 乙醚分 3 次萃取,合并乙醚液。将所得的水液和乙醚液分别进行处理。

苯甲醇:将乙醚液倒入分液漏斗中,依次用 5 mL 饱和亚硫酸氢钠溶液、10 mL 10%碳酸氢钠溶液、10 mL 水进行洗涤。将乙醚液放入一干燥小锥形瓶中,每 10 mL 乙醚液加入 1～2 g 无水硫酸镁干燥。

苯甲酸:将水层盛于烧杯内用浓盐酸酸化,酸化至刚果红试纸变蓝并有大量白色苯甲酸晶体析出。充分冷却,抽滤,用滤液将晶体完全转移至布氏漏斗中,再用少量蒸馏水洗涤 2～3 次,抽干,晾干,称量。

3. 苯甲酸和苯甲醇的精制

苯甲醇:将干燥的乙醚液过滤至 50 mL 圆底烧瓶中,加热先蒸出乙醚[1](图 3-13-2)。然后改用空气冷凝管,继续加热,收集 198～204 ℃的馏分即得苯甲醇,称量,计算产率(图 3-13-3)。

纯苯甲醇为无色透明液体,沸点为 205.3 ℃,折射率为 1.5392。

图 3-13-2　乙醚蒸馏装置

图 3-13-3　苯甲醇蒸馏装置(简易装置)

苯甲酸:取 2 g 苯甲酸粗品加入 110 mL 水中[2],加热至完全溶解后,稍冷,加入 0.1 g 活性炭,加热煮沸 5～10 min。趁热抽滤,滤液自然冷却结晶,抽滤,先用滤液将晶体完全转移至布氏漏斗中,再用水洗涤晶体 2～3 次,抽干,干燥,称量,计算产率。

苯甲酸为白色针状结晶,熔点为 122 ℃。

【注释】

[1]本实验使用乙醚,乙醚沸点较低,易燃烧,使用时避免出现明火;蒸乙醚时必须使用真空尾接管和磨口锥形瓶,锥形瓶外部用冷水浴进行冷却,尽量减少乙醚的挥发。

NOTE

[2]苯甲酸80 ℃时在水中的溶解度为2.2 g,加热过程中溶剂易挥发,需多加20%的溶剂挥发量,所以2 g苯甲酸粗品需加入水110 mL。

【思考题】

1. Cannizzaro 反应与羟醛缩合反应在醛的结构上有何不同? 怎样利用Cannizzaro 反应将苯甲醛全部转化成苯甲醇?

2. 简述本实验中两种产物的分离提纯原理,并解释用饱和的亚硫酸氢钠及10%碳酸氢钠溶液洗涤的目的。

3. 如果水液用浓盐酸酸化到中性是否合适? 为什么? 不用试纸或试剂检验,怎样知道水液酸化已经完成?

扫码看PPT

实验十四　肉桂酸的制备

【实验目的】

(1) 通过肉桂酸的制备学习并掌握 Perkin 反应及其基本操作。

(2) 学会水蒸气蒸馏的原理、作用和操作。

(3) 进一步巩固固体有机化合物的提纯方法:脱色、重结晶。

【实验原理】

肉桂酸是生产冠心病药物"心可安"的重要中间体。其酯类衍生物是配制香精和食品香料的重要原料。它在农用塑料和感光树脂等精细化工产品的生产中也有着广泛应用。

本实验利用 Perkin 反应,将芳醛和羧酸酐混合后,在相应羧酸盐存在下加热,使化合物发生羟醛缩合反应,再脱水生成目标产物肉桂酸。本实验用碳酸钾代替乙酸钠,可以缩短反应时间,其反应式为

$$\text{C}_6\text{H}_5\text{CHO} + \text{(CH}_3\text{CO)}_2\text{O} \xrightarrow[140\sim180\ ℃]{\text{K}_2\text{CO}_3} \text{C}_6\text{H}_5\text{CH=CHCOOH}$$

【实验仪器、试剂】

1. 实验仪器

三颈烧瓶、圆底烧瓶、球形冷凝管、蒸馏头、直形冷凝管、酒精灯、尾接管、烧杯、转接管、温度计、温度计套、电热套、水浴锅。

2. 实验试剂

苯甲醛、乙酸酐、无水碳酸钾、碳酸钠、活性炭、浓盐酸、乙醚、溴化钾。

【实验步骤】

在 250 mL 圆底烧瓶中放入 3 mL(0.03 mol)新蒸馏的苯甲醛[1]、8 mL(0.085 mol)新蒸馏的乙酸酐[2]、4.2 g 研细的无水碳酸钾[3],安装装置[4]。加热回流 40 min(加热温度保持在约 170 ℃)[5]。由于有二氧化碳放出,最初有泡沫产生(图3-14-1)。

反应结束后,冷却反应混合物,然后加入 20 mL 水,用玻璃棒轻轻压碎瓶中固体,缓慢加入 10.0 g 碳酸钠,摇动烧瓶使固体溶解。然后进行水蒸气蒸馏,要尽可能地使蒸气产生的速度快,蒸馏直至蒸出液中无油珠为止(图 3-14-2)。

冷却后,卸下水蒸气蒸馏装置,向烧瓶中加入约 1.0 g 活性炭,再加热回流 2～3 min,然后进行热过滤[6]。将滤液转移至干净的 200

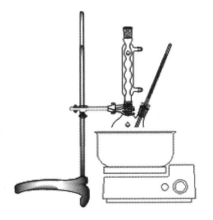

图 3-14-1　回流装置

NOTE

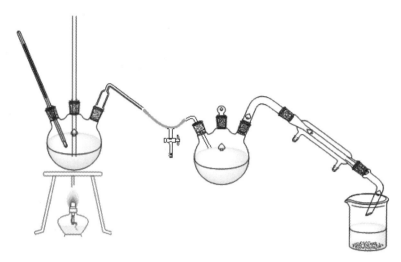

图 3-14-2　水蒸气蒸馏装置

mL 烧杯中,待滤液冷却至室温后,在搅拌下,用浓盐酸酸化至溶液呈酸性(大约用 25 mL 浓盐酸)[7],冷却至肉桂酸结晶完全,抽滤,用少量冷水洗涤沉淀[8],抽干,在 100 ℃ 下干燥,称量,计算产率。

取少量样品溶于乙醚中,将液体涂在单晶溴化钾片上,用红外灯干燥后,扫描得红外光谱(图 3-14-3)。

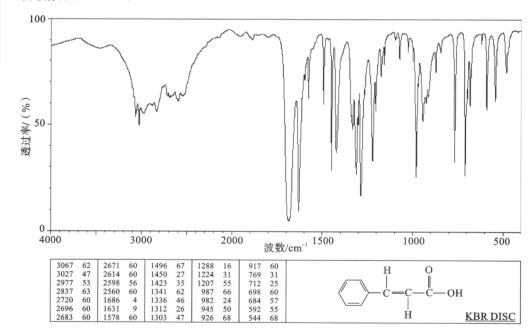

图 3-14-3　肉桂酸的标准红外光谱图

【注释】

[1]久置后的苯甲醛易自动氧化成苯甲酸,这不但影响产率而且苯甲酸混在产物中不易除净,影响产物的纯度,故苯甲醛使用前必须蒸馏。

[2]放久了的乙酸酐易潮解吸水成乙酸,故在实验前必须将乙酸酐重新蒸馏,否则

会影响产率。

〔3〕无水碳酸钾的吸水性很强,操作要快。它的干燥程度对反应能否进行和产量的提高都有明显的影响。

〔4〕所用仪器必须是干燥的。因乙酸酐遇水能水解成乙酸,影响反应进行(包括称取苯甲醛和乙酸酐的量筒)。

〔5〕加热回流,控制反应呈微沸状态,如果反应液激烈沸腾易使乙酸酐蒸出影响产率。

〔6〕反应物必须趁热倒出,否则易凝成块状。热过滤时布氏漏斗要事先在沸水中加热,用时取出,动作要快。

〔7〕进行酸化时要慢慢加入浓盐酸,一定不要加入太快,以免产生大量 CO_2 将产品冲出烧杯,造成产品损失。中和时必须使溶液呈碱性,控制 pH＝8 较合适,不能用 NaOH 中和,否则会发生 Cannizzaro 反应。

〔8〕肉桂酸要结晶彻底,进行冷过滤;不能用太多水洗涤产品。

【思考题】

1. 进行水蒸气蒸馏时,蒸气导入管的末端为什么要插入接近于容器的底部?

2. 在水蒸气蒸馏过程中,经常要检查什么事项? 若安全管中水位上升很高说明什么问题? 如何处理才能解决?

NOTE

扫码看PPT

NOTE

实验十五　甲基橙的制备

【实验目的】

(1) 通过甲基橙的制备,掌握重氮化反应和偶联反应的操作技术。

(2) 巩固盐析和重结晶的原理和操作。

【实验原理】

甲基橙是典型的偶氮染料之一,也是一种常用的酸碱指示剂,它是由对氨基苯磺酸重氮盐与 N,N-二甲基苯胺的乙酸盐,在弱酸性介质中偶联得到的。偶联首先得到的是亮红色的酸式甲基橙,称为酸性黄,在碱性环境中,酸性黄转变为橙黄色的钠盐,即甲基橙。其反应式如下:

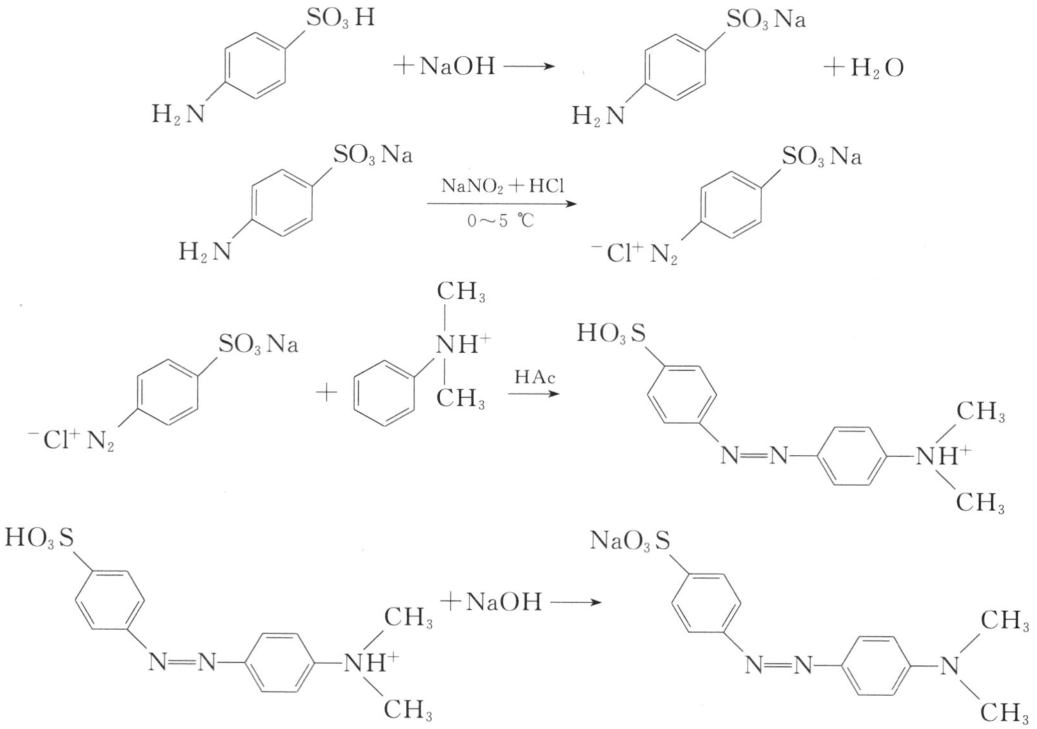

【实验仪器、试剂】

1. 实验仪器

烧杯、布氏漏斗、抽滤瓶、抽滤垫、电热套。

2. 实验试剂

对氨基苯磺酸、5%氢氧化钠溶液、亚硝酸钠、浓盐酸、N,N-二甲基苯胺、冰乙酸。

【实验步骤】

1. 对氨基苯磺酸重氮盐的制备

在 100 mL 烧杯中放入 2.1 g 对氨基苯磺酸晶体,加入 10 mL 5%氢氧化钠溶液,在热水浴中温热使之溶解[1],冷却至室温。

另取 0.8 g 亚硝酸钠溶于 6 mL 水中,加入上述烧杯中,用冰盐浴冷却至 0~5 ℃。在不断搅拌下[2],将 3 mL 浓盐酸与 10 mL 水配成的溶液缓缓滴加到上述混合液中,并控制温度在 5 ℃以下[3]。滴加完后用玻璃棒蘸取少量液体于淀粉-碘化钾试纸上检验[4],试纸应变为蓝色。然后在冰盐浴中放置 15 min,使重氮化反应完全[5]。

2. 偶联反应

取一支试管,加入 1.2 mL N,N-二甲基苯胺和 1 mL 冰乙酸,振荡使之混合。不断搅拌下将此溶液慢慢加到上述冷却的重氮盐溶液中,加完后继续搅拌 10 min,使偶联反应进行完全。然后在搅拌下慢慢加入 25 mL 5%氢氧化钠溶液,直至反应物变为橙色,这时反应液呈碱性,粗制的甲基橙呈细粒状沉淀析出[6]。将反应物在沸水浴上加热 5 min 使沉淀溶解,冷却至室温后再置于冰水浴中冷却,使甲基橙全部重新结晶析出。抽滤,依次用少量水、乙醇洗涤,压干收集晶体。

若要得到较纯的产品,可将滤饼连同滤纸移到装有 75 mL 热水(水中溶有 0.1~0.2 g 氢氧化钠)的烧杯中,微微加热并且不断搅拌,滤饼几乎完全溶解后,取出滤纸让溶液冷却到室温,然后在冰水浴中冷却,待晶体析出完全后,抽滤,沉淀依次用少量水、乙醇洗涤,得到橙色的小片状甲基橙晶体。称量,计算产率。

检验:溶解少许产品于水中,加几滴稀盐酸,然后用稀氢氧化钠溶液中和,观察溶液颜色有何变化。

纯甲基橙是橙黄色片状晶体,没有明确熔点。pH 3.1(红)~pH 4.4(橙黄)。

【注释】

[1]对氨基苯磺酸是两性化合物,其酸性略强于碱性,以酸性内盐存在,所以它能溶于碱而不溶于酸。

[2]为了使对氨基苯磺酸完全重氮化,反应过程必须不断搅拌。

[3]重氮化反应过程中控制温度很重要,若温度高于 5 ℃,则生成的重氮盐易水解成酚类,降低产率。

[4]若不显蓝色,尚需酌情补加亚硝酸钠溶液。若亚硝酸已过量,可用尿素水溶液使其分解。

[5]在此时往往析出对氨基苯磺酸重氮盐。这是因为重氮盐在水中可以电离,形成内盐($N\equiv\overset{+}{N}$—⬡—SO_3^-),此内盐在低温时难溶于水而形成细小结晶析出。

[6]若反应物中含有未反应的 N,N-二甲基苯胺乙酸盐,在加入氢氧化钠后,就会有难溶于水的 N,N-二甲基苯胺析出,影响产物的纯度。湿的甲基橙在空气中受光照射后,颜色会很快变深,故一般得紫红色粗产物,如再依次用乙醇洗涤晶体,可使其迅速干燥。

【思考题】

1. 本实验中重氮盐的制备为什么要控制在 0~5 ℃进行?

2. 粗甲基橙进行重结晶时,依次用少量水、乙醇洗涤,目的何在?

3. N,N-二甲基苯胺与重氮盐偶联时为什么总是在取代氨基的对位发生?

NOTE

实验十六　乙酰二茂铁的制备

【实验目的】

(1) 通过乙酰二茂铁的合成,学习设计合成方案,理解 Friedel-Crafts 酰基化反应原理。

(2) 巩固减压蒸馏操作、柱色谱分离和提纯化合物的原理和技术。

(3) 学习用红外光谱、熔点测定等方法对产物进行表征和确定,用薄层色谱检测产品纯度的方法。

【实验原理】

二茂铁是一种新型的夹心过渡金属有机配合物。其茂环具有芳香性,能进行亲电取代反应,可以制得二茂铁的多种衍生物。二茂铁与乙酸酐反应,得到乙酰二茂铁。反应式如下:

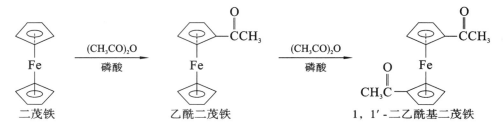

色谱法是分离、提纯和鉴定有机化合物的重要方法之一,具有极其广泛的用途。其基本原理是利用混合物中各组分与某一物质的吸附或溶解性能(即分配)的不同,或与其亲和作用性能的差异,使混合物的溶液流经该物质,进行反复吸附或分配等作用,从而将各组分分开。

有机化合物的红外光谱能提供丰富的结构信息,通过与标准谱图比较,可以确定化合物的结构;对于未知样品,通过官能团、顺反异构、取代基位置、氢键结合以及配合物的形成等结构信息可以推测结构。大量实验结果表明,一定的官能团总是对应于一定的特征吸收频率,即有机分子的官能团具有特征红外吸收频率,这对于利用红外谱图进行分子结构鉴定具有重要意义。

【实验仪器、试剂】

1. 实验仪器

圆底烧瓶、球形冷凝管、干燥管、烧杯、薄层板、色谱柱、毛细管、烧杯。

2. 实验试剂

二茂铁、乙酸酐、亚硝酸钠、85%磷酸、无水氯化钙、固体碳酸氢钠、乙酸乙酯、二氯甲烷、甲醇、石油醚、溴化钾。

【实验步骤】

1. 乙酰二茂铁的制备

在 100 mL 圆底烧瓶中,加入 1.5 g(8.05 mmol)二茂铁和 5 mL(5.25 g,87 mmol)

 NOTE

124

乙酸酐,在振荡下用滴管加入 2 mL 85％的磷酸[1]。投料完毕,用装有无水氯化钙干燥管的球形冷凝管塞住瓶口[2],60 ℃水浴上加热搅拌反应 15 min,装置如图 3-16-1 所示。将反应化合物倒入盛有 40 g 碎冰的 400 mL 烧杯中,并用 10 mL 冷水润洗烧瓶,将润洗液并入烧杯中。在搅拌下,分批加入固体碳酸氢钠(约 20 g)[3],到溶液呈中性为止(要避免溶液溢出和碳酸氢钠过量,但要足量,否则乙酰二茂铁析出不充分,pH 7～8)。将中和后的反应化合物置于冰浴中冷却 15 min,抽滤收集析出的橙黄色固体,每次用 40 mL 冰水洗两次,压干后在空气中干燥得粗品。

图 3-16-1 回流装置

2. 用柱色谱分离纯化乙酰二茂铁

(1) 点样。

取少许干燥后的粗产物和二茂铁分别溶于乙酸乙酯中,用毛细管分别吸取上述两种溶液,将其分别点在薄层板距底边约 1 cm 处的硅胶上,点要尽量圆而小,两点的高度要一致,点样时不要破坏硅胶层,晾干,同样方法点 5 块薄层板。

(2) 确定流动相。

将 5 块薄层板依次放入层析缸中,每次分别装入少量石油醚、乙酸乙酯、二氯甲烷、甲醇的纯溶剂或不同比例的混合溶剂,高度约 0.5 cm(不要超过薄层板上的点样高度),加盖,待溶剂上升到距上边约 1 cm 时,取出薄层板,在空气中晾干。用铅笔记录各薄层板上溶剂到达的位置和各斑点中心的位置。确定产物 R_f＜0.5 的展开剂作为柱色谱洗脱剂使用。

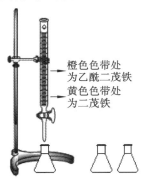

橙色色带处为乙酰二茂铁
黄色色带处为二茂铁

图 3-16-2 色谱柱

(4) 柱色谱分离。

(3) 装柱。

将色谱柱垂直固定于铁架台上。从柱子顶端用玻璃棒将少许脱脂棉推到柱的底部,用玻璃棒压住棉花,打开柱下活塞,将硅胶(200～300 目)与石油醚组成的悬浮液装入色谱柱中,硅胶的高度约为 15 cm,装柱时不要在柱中留有气泡,以免影响分离效果,控制流出速度为 1～2 滴/秒。轻轻提起移出玻璃棒,使硅胶自然沉降,待所有硅胶倒完,用滴管吸取余下的洗脱液将黏附在柱内壁的硅胶淋洗下来,然后用橡胶管轻轻敲击柱身,使柱面平整,无气泡产生,装填紧密而均匀。

流动相液面和硅胶相平时,开始装样。在色谱柱中沿壁加入 3～5 mL 约含 0.4 g 粗产物乙酸乙酯的溶液,在加入时不要扰动硅胶,打开色谱柱活塞使柱内液体以 1～2 滴/秒的速度下滴,使硅胶充分吸附样品,当液面与硅胶相平时,再先用石油醚(或者石油醚∶乙酸乙酯＝20∶1)作为洗脱剂从柱顶加入(现将柱壁黏附的粗产物洗到硅胶界面,等液面和硅胶界面再次相平时,再慢慢加入洗脱剂),粗产物在色谱柱中逐渐展开得到黄色、橙色分离的色谱带(图 3-16-2)[4]。黄色的二茂铁首先从柱下流出,用干燥

 NOTE

的锥形瓶收集洗脱溶液,当黄色色带完全洗脱下来后,改用石油醚∶乙酸乙酯为5∶1～10∶1洗脱剂,橙色色带往下移动,用另外的干燥锥形瓶收集洗脱液。两种色谱带都有比较明显的拖尾现象(若色带有重叠部分,另用锥形瓶收集)。

3. 用薄层色谱检测粗产品纯度与产品表征

(1) 按其他实验中所述的方法测定乙酰二茂铁的熔点,与文献值比较。

(2) 用 KBr 压片法测定乙酰二茂铁的红外光谱(得图 3-16-3),与文献的标准图谱进行比较,并指出特征吸收峰的归属。

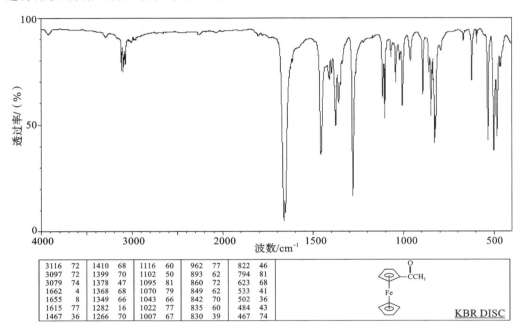

图 3-16-3　乙酰二茂铁的标准红外光谱图

【注释】

[1]滴加磷酸时一定要在振摇下用滴管慢慢加入。

[2]烧瓶要干燥,反应时应用干燥管,避免空气中的水分进入烧瓶内。

[3]用碳酸氢钠中和时因逸出大量二氧化碳,出现激烈鼓泡,应小心操作,防止因加入过快使产物逸出。最好用 pH 试纸检验溶液的酸碱性,但如果反应混合物色泽较深用 pH 试纸有困难时,可以加碳酸氢钠至气泡消失作为中和完成的判断标准。

[4]在装柱、洗脱过程中,始终保持有溶剂覆盖吸附剂。一个色带与另一色带的洗脱液的接收不要交叉。

【思考题】

1. 二茂铁酰化形成二酰基二茂铁时,第二个酰基为什么不能进入第一个酰基所在的环上?

2. 二茂铁比苯更容易发生亲电取代,为什么不能用混酸进行硝化?

3. 乙酰二茂铁的纯化为什么要用柱色谱法?可以用重结晶法吗?它们各有什么优缺点?

 NOTE

扫码看PPT

实验十七 1-苯乙醇的制备

【实验目的】

(1) 掌握硼氢化钠还原苯乙酮合成外消旋体 1-苯乙醇的反应原理和实验方法。

(2) 学会采用 TLC(薄层色谱)监测反应过程的方法。

【实验原理】

硼氢化钠是一种无机化合物,在常温常压下稳定,对空气中的水分和氧较稳定,操作处理容易,适用于工业规模。因为溶解性的问题,通常使用甲醇、乙醇作为溶剂。在无机合成和有机合成中硼氢化钠常用作还原剂。硼氢化钠可以在非常温和的条件下实现醛酮羰基的还原,生成一级醇、二级醇。硼氢化钠是一种中等强度的还原剂,所以在反应中表现出良好的化学选择性,只还原活泼的醛酮羰基,而不与酯、酰胺作用,一般也不与碳碳双键、碳碳三键发生反应。少量硼氢化钠可以将腈还原成醛,过量则还原成胺。硼氢化钠还原苯乙酮合成外消旋体 1-苯乙醇的反应方程式如下:

1-苯乙醇也叫苏合香醇,外观为无色至淡黄色液体,香气似栀子、紫丁香样香气,带少许玫瑰香韵,可用于调配日化香精,也可作为制取乙酸苏合香酯和丙酸苏合香酯的原料。

【实验仪器、试剂】

1. 实验仪器

圆底烧瓶、量筒、薄层色谱板、分液漏斗、锥形瓶、小漏斗、旋转蒸发仪、红外光谱仪。

2. 实验试剂

乙醇、硼氢化钠、乙酸乙酯、饱和氯化钠、无水硫酸钠、溴化钾。

【实验步骤】

1. 1-苯乙醇的制备

在 100 mL 圆底烧瓶中加入乙醇(30 mL)和硼氢化钠(1.0 g,26 mmol),搅拌。在冰浴条件下再缓慢加入苯乙酮的乙醇溶液[1] (4 mol/L)5 mL(控制冰浴温度低于 10 ℃)[2]。添加完毕,再用 5 mL 乙醇涮洗量筒并加入反应体系,移除冰浴,室温搅拌。室温反应 0.5 h 后,采用薄层色谱板监测反应体系中原料的反应程度(展开剂为 $V_{石油醚}/V_{乙酸乙酯}=8$)。

2. 1-苯乙醇的纯化

当原料消失后,将大部分乙醇蒸干,然后加入乙酸乙酯(40 mL)和水溶液(30 mL)萃取。有机相用 20 mL 饱和氯化钠溶液洗涤后放入 100 mL 锥形瓶中,并加入 4.0 g 无水硫酸钠干燥 5 min。

NOTE

3．1-苯乙醇的精制

在普通漏斗上塞入棉花,将干燥后的乙酸乙酯溶液经漏斗过滤后引入 100 mL 圆底烧瓶中,利用旋转蒸发仪减压蒸馏(或常压蒸馏)回收乙酸乙酯后得到(＋/－)-1-苯乙醇粗产物,称量,计算产率。可通过 TLC 粗略确定纯度,如需进一步纯化可用柱色谱方法。

4．1-苯乙醇的红外光谱

取少量(＋/－)-1-苯乙醇涂在预先压好的溴化钾盐片上[3],测试和分析(＋/－)-1-苯乙醇的红外光谱(图 3-17-1),并和原料苯乙酮的红外光谱做对比(图 3-17-2)。

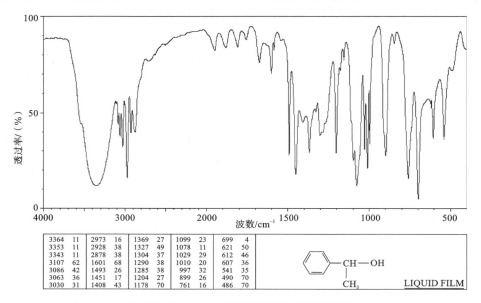

图 3-17-1　(＋/－)-1-苯乙醇的红外光谱图

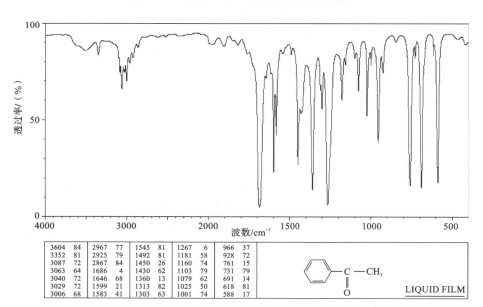

图 3-17-2　苯乙酮的标准红外光谱图

NOTE

128

【注释】

[1]苯乙酮有特殊且令人不愉快的气味,所以事先将其配成苯乙酮的乙醇溶液使用。取用过程中尽量不要将溶液洒到实验台、玻璃仪器及衣物上。取用后的量筒尽快用少量乙醇溶液清洗。

[2]控制冰浴温度低于 10 ℃。

[3]在进行红外测试前,要将乙酸乙酯尽量旋干;用毛细管在溴化钾盐片上涂很薄一层 1-苯乙醇即可,千万不要涂多;测试后的盐片不要随意丢弃,要集中起来一并处理。

【思考题】

1. 请介绍其他制备外消旋体 1-苯乙醇的方法。

2. 如果采用氘代硼氢化钠,还原产物应该是什么?

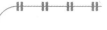

实验十八　设计性合成实验

　　设计性合成实验是学生在掌握相关的理论知识、基本实验方法和操作的前提下，通过文献资料的查阅和分析，提出实验设计和实验方案，完成实验。设计性实验的开设有利于培养学生的创新意识和创新能力，培养学生的科研思维能力，推动大学生创新教育，可进一步提高实践教学质量。

　　设计性合成实验一般流程如下：①选题。由教师根据所学内容选取理论知识中较为重要的合成方法合成所需的化合物。②设计合成路线。学生根据需要合成的化合物进行合成路线的设计，至少设计两条合成路线。③查阅和总结资料。查阅相关反应物、中间物、产物、试剂的化学性质、物理常数等，初步设计完整的实验方案。④设计完整的方案。根据化合物化学性质的不同，选择路线短、率率高、条件适宜的合成路线，完善设计性合成实验方案。⑤确定方案。教师根据学生的设计方案和实验室的实际条件提出建议，学生通过小组讨论后根据建议对实验方案进行修改和完善。⑥实施实验方案。教师根据学生的设计方案准备所需试剂，学生进入实验室根据实验方案进行实验，若实验中出现问题，教师通过指导等方式解决。教师检查化合物鉴别结果，所有的鉴别结果正确，则完成实验。⑦撰写实验报告。根据实验要求，撰写实验报告。实验报告内容包含实验合成设计，实验目的，实验原理，实验步骤、现象及装置图，粗产物纯化原理，产率计算，讨论，思考题。

　　例如：用学过的合成方法合成香豆素类化合物。

【实验合成设计】

　　有机合成是利用简单、易得的原料，通过有机反应实现官能团的转化，合成出目标产物的过程。一般常用的方法是逆合成分析法，也称为 Corey 逆合成分析法，是用切断法把目标产物切断产生一种概念性分子碎片，通常是一些正负离子，然后使用代表合成子的化合物，进一步得到结构简单易得的等价物。

例一：拟推　　　　　的逆合成路线。

例二:拟推 的逆合成路线。

根据逆分析合成法,产生的合成路线有很多种,主要根据原料便宜易得、合成途径简单、产率高、实验条件温和安全、易于纯化等确定合成路线。尤其反应产率和合成步骤的多少比较关键,因为每增加一步反应步骤,产率都会不断降低,因此必须选择反应步骤少、产率高的合成路线。

例一:写出 的合成步骤。

NOTE

131

$$\text{（邻羟基苯甲醛）} + \text{（乙酸乙酯）} \xrightarrow[\triangle]{OH^-} \text{（3-乙酰基香豆素）}$$

例二：写出 （香豆素-3-羧酸乙酯） 的合成步骤。

$$\text{（邻羟基苯甲醛）} + CH_2(COOC_2H_5)_2 \xrightarrow[\triangle]{OH^-} \text{（产物）}$$

根据合成路线查阅相关资料，进行具体实验方案的设计，下面以例一为例。

【实验目的】

（1）通过实验掌握 3-乙酰基香豆素的制备原理和实验操作。

（2）进一步巩固重结晶的基本原理和方法。

（3）了解 Knoevenagel 反应在合成上的应用。

【实验原理】

香豆素类（coumarins）化合物是一类具有苯骈 α-吡喃酮母核的天然化合物，在结构上可以看成是顺式邻羟基桂皮酸脱水而形成的内酯类化合物，其广泛应用于药物、食品、化妆品等领域。

1968 年，Perkin（珀金）发现用邻羟基桂皮醛与乙酸酐、乙酸钾一起加热可合成香豆素类化合物，此法称为 Perkin 合成法。但 Perkin 合成法存在反应时间长、产率不高等缺点，Knoevenagel（克脑文格尔）利用水杨醛和乙酰乙酸乙酯在有机碱的存在下，在室温下就可以合成香豆素的衍生物，这种合成方法称为 Knoevenagel 合成法。

反应式：

$$\text{（邻羟基苯甲醛）} + \text{（乙酸乙酯）} \xrightarrow{\text{哌啶}} \text{（3-乙酰基香豆素）}$$

【实验仪器、试剂】

1. 实验仪器

锥形瓶、恒温水浴锅。

2. 实验试剂

水杨醛、乙酰乙酸乙酯、哌啶、95％乙醇。

【实验步骤】

1. 3-乙酰基香豆素的制备

称取 5 mL 水杨醛于 50 mL 干燥锥形瓶中，加入 5 mL 乙酰乙酸乙酯和 3～5 滴哌啶，塞上塞子，50 ℃水浴反应 1 h。冷却至室温，抽滤，固体用少量乙醇洗涤 1～2 次[1]，抽干，即得淡黄色粗品，称量。

NOTE

2. 3-乙酰基香豆素的精制

将粗产物用 95％乙醇进行重结晶（每 2 g 粗产物加 20 mL 乙醇），加热沸腾至完全溶解，稍冷却[2]后加入约 0.1 g 活性炭，继续煮沸 2～3 min 后趁热抽滤[3]。滤液自然冷却至室温，析出白色结晶。抽滤，用少量乙醇洗涤，抽干。干燥，称量，计算产率。

纯 3-乙酰基香豆素的熔点为 120 ℃。

【注释】

[1]加入 95％乙醇洗涤的目的主要是去除粗产物中的黄色杂质。

[2]稍冷后加入活性炭可防止暴沸。

[3]趁热抽滤过程中抽滤装置需要提前预热。

【思考题】

1. Knoevenagel 反应机制是什么？

2. 本实验制备过程中为什么必须使用干燥的仪器？

3. 重结晶的操作步骤有哪些？

4. 如何提高本实验的产率？

（刘　华　刘晓平　袁泽利　林玉萍　蔡　东）

NOTE

第四部分

天然有机化合物提取实验

扫码看PPT

实验一　从茶叶中提取咖啡因

【实验目的】

(1) 通过实验学习茶叶中的有效成分及其提取、分离方法。

(2) 通过实验巩固回流、过滤、蒸馏、升华、熔点测定等实验操作。

(3) 进一步熟练掌握索氏提取器的使用。

【实验原理】

茶叶的化学成分是由 3.5%～7.0% 的无机物和 93%～96.5% 的有机物组成的。无机物元素约 27 种,有机物主要有蛋白质、脂质、糖类、氨基酸、生物碱、茶多酚、有机酸、色素、挥发性成分等。

茶叶中含有多种生物碱,其中以咖啡因为主,咖啡因是弱碱性化合物,易溶于氯仿、水、乙醇等。含结晶水的咖啡因为无色针状晶体,味苦,在 100 ℃ 时失去结晶水,并开始升华,120 ℃ 升华显著,178 ℃ 时升华很快,无水咖啡因的熔点为 234.5 ℃。

咖啡因是杂环化合物嘌呤的衍生物,化学名称为 1,3,7-三甲基-2,6-二氧嘌呤,结构式如下:

$$H_3C-N \cdots N-CH_3$$

咖啡因具有刺激心脏、兴奋大脑神经和利尿等作用,临床上常将其作为中枢神经兴奋药,它也是复方阿司匹林等药物的组分之一。

提取茶叶中的咖啡因往往利用适当的溶剂,如氯仿、乙醇、苯、二氯甲烷等,在索氏提取器中连续抽提,然后蒸去溶剂,即得粗咖啡因。一般粗咖啡因中含有其他一些生物碱和杂质,可以利用咖啡因升华的性质进行提纯,亦可以通过重结晶方法进行纯化。工业上制备咖啡因主要是通过合成获得。

咖啡因可以通过测定显色反应、薄层色谱、熔点、光谱等方法进行鉴别,还可以通过制备咖啡因水杨酸盐衍生物得以确证,衍生物的熔点为 137 ℃。

【实验仪器、试剂】

1. 实验仪器

圆底烧瓶、索氏提取器、球形冷凝管、直形冷凝管、蒸馏头、尾接管、锥形瓶、布氏漏斗、抽滤瓶、抽滤垫、玻璃漏斗、蒸发皿、量筒、温度计、温度计套、滤纸、电热套、熔点仪、试管、薄层板、滤纸。

2. 实验试剂

茶叶、95%乙醇、生石灰、碘化铋钾、硅钨酸、20%磷钼酸、醋酸、丙酮、水杨酸、甲苯、石油醚、环己烷、乙酸乙酯。

【实验步骤】

1. 咖啡因的提取

方法一：称取 10 g 茶叶末，放入索氏提取器的滤纸套筒中[1]，在圆底烧瓶中加入 95％乙醇 75 mL，安装连续加热回流装置，加热连续提取 2～3 h[2]。待冷凝液刚刚虹吸下去时，立即停止加热。稍冷后，改成蒸馏装置，回收提取液中的大部分乙醇[3]（图 4-1-1）。

方法二：在 250 mL 圆底烧瓶中加入 10 g 茶叶末和 100 mL 95％乙醇，再加入 2～3 粒沸石。安装回流装置，加热回流 30 min。停止加热冷却至室温，抽滤，收集滤液。将滤液倒入 250 mL 圆底烧瓶中，安装蒸馏装置，加热蒸馏回收乙醇[3]（图 4-1-2）。

图 4-1-1 连续回流提取装置   图 4-1-2 回流装置

2. 咖啡因的分离

将乙醇回收后的剩余液体倒入蒸发皿中，加热蒸发乙醇至糊状，拌入 3～4 g 生石灰[4]，在不断搅拌下用小火焙炒，使糊状物脱水成粉末状。冷却，擦去沾在边上的粉末，以免在升华过程中污染产物。取一只合适的玻璃漏斗罩于蒸发皿上，玻璃漏斗口塞有棉花，蒸发皿上隔着刺有许多小孔的滤纸，滤纸的毛面朝上。将蒸发皿放在可控温度的热源上，加热进行升华[5]。当滤纸上出现许多毛状晶体时，停止加热，让其自然冷却至室温后，小心取下玻璃漏斗，揭开滤纸，用小刀将纸上和器皿周围的咖啡因刮下。残渣经搅拌混合后可进行第二次的升华，合并两次收集的咖啡因，称重并测定熔点（图 4-1-3）。

3. 咖啡因的鉴别

（1）与碘化铋钾反应：取少许咖啡因溶于 1 mL 乙醇溶液中，加入 1～2 滴碘化铋钾试剂，观察是否有淡黄色或红棕色沉淀产生。

（2）与硅钨酸反应：取少许咖啡因溶于 1 mL 乙醇溶液中，加入 1～2 滴硅钨酸试剂，观察是否有淡黄色或灰白色沉淀产生。

（3）薄层色谱：将咖啡因乙醇液用毛细管点在硅胶板上，用环己烷-乙酸乙酯混合液（1∶1）作展开剂，用 20％磷钼酸的醋酸-丙酮溶液（1∶1）显色。若只有一个斑点，说明纯度较高，否则相反。

图 4-1-3　常压升华装置

（4）熔点测定：用熔点测定仪进行测定，熔点为 234～237 ℃。

（5）咖啡因水杨酸衍生物制备：在试管中加入 50 mg 咖啡因、37 mg 水杨酸和 4 mL 甲苯。在水浴中加热溶解，加入 1 mL 60～90 ℃ 石油醚。在冰水浴中冷却结晶，若无结晶析出，可用玻璃棒摩擦内壁。过滤，收集晶体，测定熔点，纯的衍生物熔点为 137 ℃。

本实验咖啡因的提取和分离需要 6～7 h，鉴别实验需要 6～7 h。

【注释】

［1］滤纸套筒大小要适宜，高度不得超过虹吸管，滤纸包茶叶时要严实，防止茶叶漏出堵塞虹吸管，纸套上面折成凹形，以保证回流液均匀浸润被提取物。

［2］提取液颜色很淡时，即可停止。

［3］回收乙醇时不可蒸得太干，否则残液很黏不易转移，剩余 10～20 mL 时进行转移。

［4］生石灰起吸水和中和作用，干燥剂用量不能过多，以混合物颜色保持茶色为宜。

［5］升华操作是本实验成败的关键。升华过程中，始终需用小火间接加热。如果温度过高会使产品发黄，影响产品的质量。

【思考题】

1. 为什么用茶叶末，而不用完整的茶叶？

2. 在升华过程中，能闻到什么气味？为什么？

3. 升华法有哪些用途？有何优缺点？

4. 咖啡因分子中哪个氮原子的碱性最强？为什么？

5. 如果使用的原料是速溶茶，而不是茶叶粉末，如何改进分离步骤？

实验二 从薄荷中提取薄荷油

扫码看PPT

【实验目的】

(1) 通过实验学会水蒸气蒸馏的原理及操作。

(2) 通过实验巩固萃取、蒸馏、过滤等操作。

【实验原理】

水蒸气蒸馏技术常用于和水长时间共沸不反应、不溶或微溶解于水,且具有一定挥发性的有机化合物的分离和提纯。目前,水蒸气蒸馏常用于从植物叶茎中提取香精油以及从中草药中提取挥发油和天然药物。

薄荷是唇形科植物薄荷的茎叶。薄荷在临床广泛应用于风热感冒、温病初起、风热上攻所致的头痛、目赤、咽喉肿痛等症。英国萨尔福特大学的研究人员最新发现一种传统中草药——薄荷能够阻止癌症病变处的血管生长,摧毁癌细胞。薄荷的有效成分主要是薄荷挥发油(薄荷素油)、薄荷脑(薄荷醇),薄荷醇可作为芳香药、调味品及祛风药,并广泛用于日用化工和食品工业中。

薄荷挥发油与水不互溶,当受热二者蒸气压的总和与大气压相等时。混合液即开始沸腾,继续加热则挥发油可随水蒸气蒸馏出来,冷却静置,即可分离。

【实验仪器、试剂】

1. 实验仪器

圆底烧瓶、安全管、导管、直形冷凝管、蒸馏头、尾接管、锥形瓶、量筒、温度计、温度计套、电热套、折光仪、电子秤。

2. 实验试剂

薄荷、石油醚、无水氯化钙。

【实验步骤】

1. 薄荷油的提取

称取薄荷 20 g[1],置于圆底烧瓶中,加入约占容器 3/4 的水;在水蒸气发生瓶中加水 80 mL,检查整个装置不漏气后,旋开 T 形管的螺旋夹,加热至沸腾。当有大量水蒸气产生并从 T 形管的支管冲出时,立即旋紧螺旋夹,水蒸气便进入蒸馏部分,开始蒸馏[2]。当流出液无明显油珠、澄清透明时,可停止蒸馏(图 4-2-1)。

2. 薄荷油的分离

用石油醚(沸程为 30～60 ℃)30 mL 分 3 次萃取,石油醚溶液用无水 $CaCl_2$ 干燥至澄清。将石油醚溶液过滤至 50 mL 已称量的干燥圆底烧瓶中,安装蒸馏装置,加热收集石油醚,即得薄荷油。擦干烧瓶外壁,称量,计算出油率。

3. 薄荷油的鉴定

用折光仪测定薄荷油的折光率,与标准值 1.458～1.471 比较,判断其纯度。

NOTE

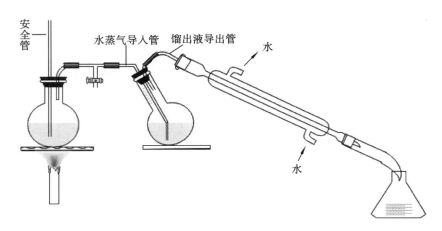

安全管

水蒸气导入管　馏出液导出管

水

水

图 4-2-1　水蒸气蒸馏装置

【注释】

[1]薄荷可以用新鲜薄荷或薄荷饮片。

[2]本实验也可以用挥发油提取器:称取 20 g 薄荷粉末,放入挥发油提取器中,加水 200 mL,提取 2~3 h,收集薄荷油。用干燥剂干燥后称量,计算出油率。

【思考题】

1. 简述水蒸气蒸馏的特点及适用范围。

2. 水蒸气蒸馏为什么适合提取薄荷油?

3. 从薄荷中提取薄荷油还可以用哪些方法?

扫码看PPT

实验三　从槐米中提取芦丁

【实验目的】

（1）通过实验进一步学习碱溶酸沉法提取黄酮苷类化合物的原理及方法。

（2）巩固酸水解、结晶、化学鉴别实验和纸色谱等手段在黄酮苷类化合物分离纯化及结构鉴定中的作用。

【实验原理】

芦丁为黄酮苷类化合物，广泛存在于植物界，尤以槐米、荞麦中含量最高，其可作为大量提取芦丁的原料。槐米所含芦丁含量高达 12%～16%，有调节毛细血管渗透性的作用，临床用作毛细血管止血药，也作为高血压的辅助治疗药物。芦丁的结构如下：

芦丁是由槲皮素 3 位上的羟基与芸香糖（rutinose）脱水而成的苷，芸香糖由 α-L-吡喃鼠李糖基（1→6）β-D-吡喃葡萄糖基组成。

芦丁分子结构中含有酚羟基，显弱酸性，能与碱反应生成盐而溶于水溶液，当在溶液中加入酸后，芦丁又会游离析出，所以可以利用碱溶酸沉法进行提取。利用芦丁在冷、热水中溶解度差异的特性进行精制。苷类在酸性溶液中可以水解，生成苷元或次生苷和糖。

【实验仪器、试剂】

1. 实验仪器

烧杯、量筒、布氏漏斗、抽滤瓶、抽滤垫、电热套、电子秤、试管、滤纸、紫外灯。

2. 实验试剂

槐米花、硼砂、石灰乳、浓盐酸、乙醇、10% α-萘酚、浓硫酸、镁粉、1% AlCl₃、正丁醇、醋酸。

【实验步骤】

1. 芦丁的提取

在 500 mL 烧杯中，加入 250 mL 水和 1 g 硼砂[1]，加热至沸腾后，加入槐米粉末 20 g，在搅拌下加入石灰乳[2]，调节 pH 至 8.5～9.0，保持煮沸 30 min，趁热抽滤，弃去滤渣。滤液冷却至 60～70 ℃，用浓 HCl 调至 pH 4～5[3]，静置 1 h，析出沉淀，抽滤，弃去滤液，收集芦丁粗品。将芦丁粗品悬浮于蒸馏水中，加热煮沸 15 min，趁热过滤，弃去不溶物，静置冷却至结晶完全，抽滤，收集芦丁晶体。于 60～70 ℃干燥，得芦丁精制品，称量，计算产率。

NOTE

2. 芦丁的定性鉴定

取芦丁 3～4 mg,加乙醇 5～6 mL 使其溶解,分成三份做下述实验:

(1) Molish 反应:取上述溶液 1～2 mL,加入等体积 10% α-萘酚乙醇溶液,摇匀,沿试管壁滴加浓硫酸,静置,观察交界面处颜色变化。

(2) 盐酸-镁粉实验:取上述溶液 1～2 mL,加 2 滴浓盐酸,再加少许镁粉,注意观察颜色变化。

(3) $AlCl_3$ 反应:取供试液滴于滤纸上,晾干,喷洒 1% $AlCl_3$ 醇溶液,自然光、UV 光下观察颜色变化。

3. 芦丁的纸色谱鉴定

色谱材料:色谱滤纸。

展开剂:正丁醇∶醋酸∶水(4∶1∶5 上层)。

展开方式:预饱和后,上行展开。

显色:(1) 自然光、UV 光下观察。

(2) 喷洒 1% $AlCl_3$ 醇溶液后自然光、UV 光下观察。

【注释】

[1]硼砂与芦丁结合,可保护邻二酚羟基不被氧化破坏,提高产品质量。

[2]称取 1.5 g 左右的生石灰(CaO)于干净的研钵中,加入 10 mL 水研成乳液备用。石灰乳可达到碱溶液提取芦丁的目的,还可以除去槐米中大量的黏液质和酸性树脂,但 pH 不能过高,不能长时间煮沸,否则会导致芦丁结构发生变化。

[3]pH 过低会使芦丁形成锌盐重新溶解,降低芦丁的产率。

【思考题】

1. 在芦丁提取过程中,将槐米放入沸水中的目是什么? 能否用冷水慢慢加热煮提? 为什么?

2. 芦丁碱溶酸沉法的提取原理是什么?

3. 解释本实验纸色谱中化合物的结构与 R_f 值的关系。

扫码看PPT

实验四　从番茄中提取番茄红素和 β-胡萝卜素

▶▶▶

【实验目的】

（1）通过实验学会从植物中提取分离番茄红素和 β-胡萝卜素的方法。

（2）进一步巩固柱色谱和薄层色谱的操作。

【实验原理】

类胡萝卜素是一类天然色素，广泛分布于植物、动物和海洋生物中。番茄红素和 β-胡萝卜素均属于类胡萝卜素。研究表明，番茄红素和 β-胡萝卜素具有增强免疫力、抗氧化、抗癌和预防心血管疾病等作用。其结构式如下：

番茄红素

β-胡萝卜素

番茄红素和 β-胡萝卜素皆为共轭多烯类化合物，不溶于水，难溶于甲醇等极性溶剂，可溶于二氯甲烷、乙醚、石油醚等低极性有机溶剂。番茄红素和 β-胡萝卜素对热、酸、碱比较稳定，但在紫外线和氧存在下可发生反应。因此，一般常用低极性的有机溶剂如二氯甲烷或石油醚将它们从番茄中提取出来。

番茄红素和 β-胡萝卜素在极性上略有差别，可利用柱层析技术分离番茄红素和 β-胡萝卜素。在完成分离后，采用薄层层析方法并与标准品进行 R_f 值比较，初步定性鉴别产物。

【实验仪器、试剂】

1. 实验仪器

圆底烧瓶、球形冷凝管、量筒、布氏漏斗、抽滤瓶、抽滤垫、分液漏斗、色谱柱、烧杯、锥形瓶、电热套、电子天平、薄层板、层析缸、滤纸、毛细管、薄层扫描仪。

2. 实验试剂

番茄酱、95％乙醇、二氯甲烷、饱和氯化钠、无水硫酸钠、氧化铝、石油醚、丙酮、环己烷、苯。

【实验步骤】

1. 番茄红素和 β-胡萝卜素提取

在 100 mL 圆底烧瓶中加入 8 g 番茄酱[1]和 20 mL 95％乙醇，加热回流 5～10

NOTE

143

min[2]，冷却后减压过滤，滤液保存于 250 mL 锥形瓶中。将固体残渣连同滤纸放回圆底烧瓶中，加入 20 mL 二氯甲烷回流提取两次[3]，每次回流 5～8 min，抽滤。将所有提取液合并，倒入分液漏斗中，加入 15 mL 饱和氯化钠溶液萃取。静置分层后，除去上层萃取液，下层二氯甲烷溶液经一颈部塞有疏松棉花、上面铺一层 1 cm 厚的无水硫酸钠的漏斗缓慢放出[4]，滤液浓缩后备用。

2. 番茄红素和 β-胡萝卜素的分离

取一根直径为 1.5 cm，长为 15 cm 的洁净干燥色谱柱固定在铁架台上，柱下端放一小团脱脂棉并压紧。然后经漏斗慢慢加入氧化铝，并轻轻敲打柱使吸附剂装得紧密均匀，至柱内氧化铝高度约 8 cm，停止加入氧化铝，并使氧化铝表面平整。

图 4-4-1　柱色谱装置

将番茄提取液 1～2 mL 放入一小烧杯中，加入 1 g 氧化铝，拌匀后在水浴上挥去溶剂（要不断搅拌，防止氧化铝由烧杯中溅出）。小心将拌有样品的氧化铝从柱上端加入，并用滤纸盖上。用滴管加少量石油醚于柱上，待氧化铝表面上的石油醚快完时，加入大量石油醚进行洗脱。黄色的 β-胡萝卜素很快在柱中向下移动，但红色的番茄红素移动较慢。待 β-胡萝卜素全部被洗出后，更换 8∶2 的石油醚-丙酮混合液作为洗脱剂进行洗脱，并收集洗脱出来的红色的番茄红素[5]，备用[6]（图 4-4-1）。

3. 番茄红素和 β-胡萝卜素的鉴定

取硅胶 G 板两块，在板的一端距边缘 1.5 cm 处分别点上番茄红素、β-胡萝卜素以及番茄红素和 β-胡萝卜素的混合液（未经柱色谱的番茄提取液）三个样点，点样间距 2 cm。分别放入盛有展开剂环己烷或环己烷∶苯（9∶1）的层析缸中展开。当溶剂前沿距基线 8～10 cm 时，停止展开，取出薄层板，画出溶剂前沿，在紫外灯下观察荧光，计算番茄红素和 β-胡萝卜素的 R_f 值[7]。

精确称取番茄红素和 β-胡萝卜素标准品各 1 mg，分别置于 2 个 1 mL 的容量瓶中，加入二氯甲烷溶解后稀释至刻度线配成标准溶液。

将番茄红素和 β-胡萝卜素混合液（番茄红素提取液）与两种标准溶液同时点在同一标准硅胶 G 板上，点样量为 5 μL，用展开剂环己烷或环己烷∶苯（9∶1）展开，方法同上。展开后取出晾干，在紫外灯（参考波长为 350 nm）照射下直线形扫描，狭缝宽为 0.5 mm，扫描速度为 20 nm/min，线性参数 SX=3。

分别计算各斑点面积的积分值，按下述公式计算样品质量：

$$样品质量 = \frac{样品峰面积}{标准品峰面积} \times 标准品质量$$

【注释】

[1]由于二氯甲烷或石油醚均与水不混溶，故在提取时需先将番茄酱用乙醇脱水，以便更有效地将番茄红素和 β-胡萝卜素提取出来。

[2]应使混合物缓慢沸腾，以免乙醇明显减少。

[3]二氯甲烷的沸点低，回流时控制温度缓慢回流，防止溶剂挥发。

[4]无水硫酸钠为干燥剂，以除去萃取液中的水分。

NOTE

[5]当极性小的物质被洗脱后若要再洗脱极性较大的物质时,就得用极性较大的洗脱剂,这是柱色谱中的普遍做法。

[6]备用的样品要放在棕色密闭的瓶子中保存,否则易氧化褪色。

[7]紫外灯下观察,需用铅笔圈出荧光斑点位置,便于计算 R_f 值。

【思考题】

1. 为何能用柱色谱法将番茄红素和 β-胡萝卜素加以分离?

2. 做番茄红素和 β-胡萝卜素薄层色谱时,用环己烷和环己烷-苯展开剂展开的结果是否相同,为什么?

3. 番茄红素和 β-胡萝卜素在番茄中含量如何? 主要的性质差异是什么?

4. 在番茄红素和 β-胡萝卜素的提取过程中水分有何影响?

5. 番茄红素和 β-胡萝卜素的分离、鉴别,除本实验采用的方法之外还有哪些方法?

NOTE

扫码看PPT

实验五　从牡丹皮中提取丹皮酚

【实验目的】

（1）学习用水蒸气蒸馏法从牡丹皮中提取丹皮酚的方法，及其定性鉴别方法。

（2）巩固挥发油的一般提取和鉴别方法。

【实验原理】

牡丹皮为毛茛科植物牡丹的干燥根皮，在临床上具有清热凉血、活血化瘀等疗效，对于治疗温毒发斑、吐血、夜热早凉、肿痛疮毒、跌打损伤等具有一定的疗效。牡丹皮中主要含有丹皮酚、丹皮苷、芍药苷等，其中以丹皮酚为主要药效成分。

丹皮酚

丹皮酚为白色针状晶体，微溶于水，易溶于乙醇、乙醚、丙酮、氯仿等有机溶剂。丹皮酚的提取方法主要有醇提法、水蒸气蒸馏法、CO_2超临界流体萃取法等。其中水蒸气蒸馏法操作最简单、成本较低，因为丹皮酚具有挥发性，可随水蒸气蒸馏，又因其在冷水中难溶，故放冷后析出晶体。

【实验仪器、试剂】

1. 实验仪器

圆底烧瓶、安全管、导管、直形冷凝管、蒸馏头、尾接管、锥形瓶、球形冷凝管、挥发油测定器、量筒、电热套、电子秤、薄层板、层析缸、滤纸、毛细管、紫外灯。

2. 实验试剂

牡丹皮、95％乙醇、氯化钠、三氯化铁、浓硝酸、环己烷、乙酸乙酯。

【实验步骤】

1. 丹皮酚的提取

方法一：水蒸气蒸馏法　取牡丹皮[1]30 g，粉碎，置于500 mL圆底烧瓶中，加300 mL水，加2 mL乙醇和8 g氯化钠[2]，浸润20 min，用水蒸气蒸馏，收集蒸馏液约250 mL，将蒸馏液放冷，有白色针状晶体析出，滤取晶体，干燥。如晶体不纯，可加入95％乙醇至全部溶解（约为粗晶的15倍），抽滤，滤液中加入4倍量的蒸馏水，使溶液呈乳白色，静置后则有大量白色针状晶体析出。若在制取过程中得不到白色晶体，只有油珠状物质沉出，可在蒸馏液中加入少量晶种，摩擦瓶壁后，即有较大量的丹皮酚晶体析出。也可用乙醚萃取蒸馏液几次，合并萃取液后，加无水硫酸钠脱水，回收乙醚至少量，放置析晶，抽滤，晶体用少量水洗2～3次，干燥[3]。

方法二：醇提法　取牡丹皮原料20 g，粉碎后为乳白色粉末，置于250 mL圆底烧

NOTE

瓶中,加 100 mL 水、2 mL 乙醇和 8 g 氯化钠,振摇混合后浸润 20 min,连接挥发油提取器并加注冷凝水,自冷凝管上端加水使其充满测定器的刻度部分,并溢流入烧瓶时为止。水浴回流,烧瓶中为棕黄色固液混合物,颜色逐渐加深,上层漂有悬浮颗粒。第一次有挥发油馏出时油层在下,加水压回烧瓶重新蒸馏(图 4-5-1)。

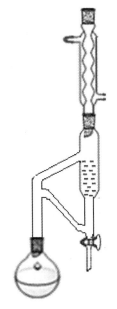

2. 丹皮酚的鉴定

(1)升华法:取微量产品粉末升华,在显微镜下观察升华物,可见长柱形或针状及羽状簇晶,于晶体上滴加三氯化铁纯溶液,观察现象及颜色变化。

(2)三氯化铁显色反应法:取晶体少许,加 5% 三氯化铁溶液,观察颜色变化。

(3)浓硝酸显色反应法:取晶体少许,滴加浓硝酸数滴,呈红棕色。

(4)薄层色谱鉴定。

吸附剂:硅胶 GF254 薄层板。

图 4-5-1 挥发油提取装置

样品:样品的乙醇溶液,丹皮酚对照品乙醇溶液。

展开剂:环己烷-乙酸乙酯(3∶1)。

点样:用毛细管取少许样品,用甲醇溶液润湿点样。

显色:喷 5% 三氯化铁乙醇溶液或盐酸酸化的 5% 三氯化铁乙醇溶液,观察变化;加入后观察颜色变化;荧光下观察吸光情况。

【注释】

[1]牡丹皮因产地、采收季节的不同,丹皮酚含量差异较大,春秋季节采收含量高,以四川产的含量较高,实验时可以根据含量加减提取的药材量。

[2]加入氯化钠可明显提高蒸馏速度,缩短提取时间。

[3]产品应在干燥、密闭、避光条件下保存。

【思考题】

1. 丹皮酚还有哪些提取分离的方法?

2. 什么样的产品适合用水蒸气蒸馏法进行提取?

3. 本实验的产率主要受什么因素影响?

扫码看PPT

实验六　从菠菜中提取菠菜色素

【实验目的】

(1) 学习菠菜叶中色素提取的原理和提取方法。

(2) 巩固柱色谱分离的基本原理和操作,以及液-液萃取的基本操作技术。

(3) 进一步了解天然物质提取方法,及叶绿素、胡萝卜素、叶黄素的极性大小。

【实验原理】

叶绿素(绿)、胡萝卜素(橙)和叶黄素(黄)等多种天然色素广泛存在于菠菜等绿色植物中。

叶绿素 a($C_{55}H_{72}O_5N_4Mg$)和叶绿素 b($C_{55}H_{70}O_6N_4Mg$)是叶绿素存在的两种结构相似的形式,两者都是吡咯衍生物与金属镁的配合物,将叶绿素 a 中的一个甲基取代为甲酰基就是叶绿素 b。固体状态下叶绿素 a 呈蓝黑色,其乙醇溶液呈蓝绿色,而固体叶绿素 b 为暗绿色,其乙醇溶液呈黄绿色。叶绿素是植物进行光合作用所必需的催化剂,通常植物中叶绿素 a 的含量是叶绿素 b 的 3 倍。尽管叶绿素分子中含有一些极性基团,但大的烃基结构使它易溶于醚、石油醚等一些非极性的溶剂。

叶绿素 a(R＝CH_3)
叶绿素 b(R＝CHO)

胡萝卜素($C_{40}H_{56}$)是一种橙色色素,属于四萜类化合物,是具有长链结构的共轭多烯。它有三种异构体,即 α-、β-和 γ-胡萝卜素,其中 β-胡萝卜素含量最多,也最重要。在生物体内,β-胡萝卜素在酶的催化下可氧化生成维生素 A,因此 β-胡萝卜素亦可作为维生素 A 使用。目前,β-胡萝卜素已可进行工业生产,也可作为食品工业中的胡萝卜素色素。

叶黄素($C_{40}H_{56}O_2$)与叶绿素同存于植物体内,是一种黄色色素,可以看作是胡萝

NOTE

148

卜素的羟基衍生物,在绿叶中其含量通常是胡萝卜素的两倍。与胡萝卜素相比,叶黄素较易溶于醇等极性溶剂,而在石油醚等非极性溶剂中溶解度较小。秋天,高等植物的叶绿素被破坏后,叶黄素的颜色就显示出来。

β-胡萝卜素(R＝H)　　　　　　　　　　　叶黄素(R＝OH)

本实验中,利用相似相溶原理,以石油醚和乙醇的混合液为提取剂,从菠菜叶中提取上述各种色素,并用柱色谱法进行分离。

【实验仪器、试剂】

1. 实验仪器

圆底烧瓶、研钵、球形冷凝管、分液漏斗、锥形瓶、色谱柱、量筒、电子天平。

2. 实验试剂

菠菜叶、95％乙醇、石油醚、无水硫酸钠、丙酮、硅胶。

【实验步骤】

1. 菠菜色素的提取

称取 3 g 新鲜的菠菜叶,在研钵中将之捣烂[1],用 18 mL 体积比为 2∶1 的石油醚-乙醇混合液分数次浸提。合并浸提液,过滤除去浸提液中的少量固体。接着将滤液转移至分液漏斗中,加等体积的蒸馏水洗涤一次[2],弃去下层水-乙醇液后再用等体积的蒸馏水洗涤两次,石油醚层用无水硫酸钠干燥后转移到一锥形瓶中保存,留作色谱分离色素。

2. 菠菜色素的分离

取一支洁净干燥的色谱柱,用 6 g 硅胶进行干法装柱,将此色谱柱固定在铁架台上,打开色谱柱下端的活塞,从色谱柱口沿管壁小心加入 16 mL 石油醚,使石油醚浸润整个色谱柱中的硅胶,当柱顶(石英砂表面)尚有约 1 mL 石油醚时,关闭活塞[3]。加入预先准备好的菠菜浓缩液 1～2 mL。待色素全部进入柱体后,先用体积比为 9∶1 的石油醚-丙酮混合液进行洗脱,当开始有橙黄色色带流出时,立即用一接收瓶接收,此即为胡萝卜素溶液。当橙黄色色带流完时,接着用 7∶3 的石油醚-丙酮混合液进行洗脱,当绿色色带流出时换一接收瓶接收,即为叶绿素溶液。最后用石油醚-丙酮(6∶4)混合液进行洗脱,流出的黄色色带即为叶黄素[4]。

【注释】

[1]菠菜叶研磨适当即可,不可研得太烂成糊状,否则会造成分离困难。

[2]水洗的目的是除去有机相中少量的乙醇和其他水溶性物质。洗涤时要轻轻振荡,以防产生乳化现象。

[3]为了保持吸附柱的均一性,应该使整个吸附剂浸泡在溶剂或溶液中,即从第一次注入乙醚起直至实验完毕,绝不能让柱内液体的液体降至砂层之下。否则当柱中溶剂或溶液流干时,会使柱身干裂。若再重新加入溶剂,会使吸附柱的各部分不均匀而影响分离效果。

[4]叶黄素易溶于醇,在石油醚中溶解度较小,所以从嫩绿菠菜叶得到的提取液中,叶黄素含量很少,柱色谱中不易分出黄色色带。

【思考题】

1. 为什么极性大的组分要用极性大的溶剂洗脱?

2. 如果柱子填充不均匀或留有气泡,对分离有何影响? 如何避免?

3. 在吸附剂上端加入石英砂的作用是什么?

NOTE

实验七 多糖的提取

【实验目的】

（1）通过实验学习提取多糖的原理和方法。

（2）巩固多糖物质的常规纯化方法及原理，并了解多糖的结构、分类及生物活性。

【实验原理】

多糖是一类广泛存在于植物、动物及微生物等有机体中的天然产物。近几十年来，由于其在临床和食品等领域的广泛应用，多糖的提取成为研究热点，引起了人们的广泛关注。

多糖按其来源可分为三类：动物多糖、植物多糖和微生物多糖。其中从植物中提取的多糖显得尤为重要，主要有淀粉、纤维素、半纤维素、果聚糖、树胶、黏液质、其他葡聚糖等。多糖的结构可以细分为一级、二级、三级和四级结构。

多糖的提取一般应根据所提取的多糖的存在形式和存在部位决定选择提取方法和是否做相应的预处理。植物多糖在提取前应先用低极性的有机溶剂对原料进行脱脂预处理，常见的多糖提取方法有溶剂提取法、酸提取法、碱提取法、酶提取法、超滤法、微波提取法等。各种方法在提取的效率和纯度等方面各有优势，应根据具体的多糖选择合适的提取方法。

枸杞属茄科植物，主要产于宁夏、甘肃、青海、陕西等地，是我国中药宝库中的瑰宝之一。枸杞广泛应用于临床，主治肝肾阴亏、头晕目眩、腰膝酸软等症状。枸杞又作为"药食同源"的植物性平补保健食品，广泛用于泡酒、泡茶、煮粥等。大量研究表明枸杞中最具有提取利用价值的是枸杞多糖。枸杞多糖为枸杞的主要功能活性成分，天然无副作用，具有增强记忆力、防止遗传损伤、抗氧化、抗肿瘤、抗癌、减肥、降血脂、降血糖、耐缺氧、防辐射等作用。

枸杞富含多糖，其多糖为白色或灰白色絮状、疏松纤维晶体。枸杞多糖极易吸潮，吸潮后颜色为淡黄色，呈块状。枸杞多糖在水中的溶解度非常好，也可溶于稀碱溶液，不溶于乙醇、丙酮等有机溶剂。其水溶液的紫外最大吸收峰位于 $550\sim560$ nm 处。

本实验采用溶剂提取法从枸杞中提取粗枸杞多糖。

【实验仪器、试剂】

1. 实验仪器

圆底烧瓶、球形冷凝管、分液漏斗、锥形瓶、布氏漏斗、抽滤瓶、抽滤垫、滤纸、量筒、电子天平、电热套。

2. 实验试剂

枸杞、三氯甲烷、甲醇、95％乙醇、无水乙醇、丙酮、无水乙醚、双氧水、正丁醇。

【实验步骤】

1. 粗枸杞多糖的提取

称取 25 g 枸杞，干燥粉碎后，在三氯甲烷[1]和甲醇混合液中回流 8 h，过滤。待滤

NOTE

饼中的有机溶剂挥发干净后加入 300 mL 蒸馏水,在 90 ℃浸提 2 h,过滤,得提取液。然后按照相同的操作,分别用 250 mL 和 200 mL 蒸馏水浸提。合并滤液,将滤液于 80 ℃水浴中搅拌浓缩至 50 mL。在搅拌状态下,将 200 mL 95％乙醇加入浓缩液中,室温静置 2 h 左右,可酌情将静置时间延长。抽滤,依次用无水乙醇、丙酮、无水乙醚洗涤,双氧水处理[2],真空干燥即得粗枸杞多糖。

2. Sevag 法脱蛋白

取所得到的粗枸杞多糖,加蒸馏水使之完全溶解。往枸杞多糖水溶液中加入三氯甲烷,其体积约为枸杞多糖水溶液体积的 20％。再加入体积为三氯甲烷体积的 1/4 的正丁醇,剧烈振摇 20～30 min,使其充分混匀,蛋白质发生变性生成凝胶,1000 r/min 离心,倾出上层清液,除去中间层变性蛋白和下层三氯甲烷,重复以上操作直至中间层无变性蛋白,得到脱蛋白多糖[3]。

【注释】

[1]本实验加入三氯甲烷-甲醇的用途为脱脂。

[2]双氧水处理主要起脱色作用。

[3]该方法设备简单,易操作,但容易把蛋白质等成分也浸提出来,给后续分离带来一定困难。

【思考题】

1. 本实验中为什么可以用热的蒸馏水提取枸杞多糖?

2. 本实验中加入 95％乙醇后,为什么粗枸杞多糖会静置析出?

3. 本实验中可能有哪些副反应? 粗产物中会有哪些杂质? 如何除去这些杂质?

4. 本实验中如何提高枸杞多糖的提取率?

扫码看 PPT

实验八　氨基酸的纸色谱分离

【实验目的】

（1）学习纸色谱法分离氨基酸的操作。

（2）巩固纸色谱分离的原理及方法。

【实验原理】

纸色谱（PPC），又称纸层析，属于一种分配色谱。它的分离作用不是利用滤纸的吸附作用，而是以滤纸作为惰性载体，以吸附在滤纸上的水或有机溶剂作为固定相，以水饱和过的有机溶剂（展开剂）为流动相，利用样品中化合物极性的差异、在两相的溶解度不同，即样品中各组分在两相中分配系数的不同达到分离的目的。由于分配系数不同，待分离成分在纸上的迁移速率不同。在相同的实验条件下，将不同的氨基酸进行纸上层析，它们的比移值（R_f值）是不相同的，借此可将各个氨基酸予以分离。

某种化合物在层析纸上上升的高度与展开剂上升高度的比值称为该化合物的比移值，常用 R_f 来表示：

$$R_f = \frac{样品中某组分移动离开原点的距离}{展开剂前沿距原点中心的距离}$$

对于一种化合物，当展开条件相同时，R_f值是一个常数。因此，可用 R_f 值作为定性分析的依据。但是，影响 R_f 值的因素较多，如展开剂、吸附剂、层析纸的厚度、温度等，要做到条件完全相同是比较困难的，因此同一化合物的 R_f 值与文献值会相差很大。在实验中我们常采用参照实验来进行比对，即在一张纸上同时点一个已知物和一个未知物，进行展开，通过计算 R_f 值来确定是否为同一化合物。

纸色谱主要用于糖、氨基酸等极性较大的化合物和多官能团化合物的分离。本实验中，采用纸色谱对氨基酸中的各组分进行分离。

【实验仪器、试剂】

1. 实验仪器

圆底烧瓶、研钵、球形冷凝管、分液漏斗、锥形瓶、色谱柱、量筒、电子天平、滤纸。

2. 实验试剂

丙氨酸、赖氨酸、正丁醇、甲酸、茚三酮溶液。

【实验步骤】

1. 点样

选用国产 1 号滤纸，将其裁成 4.5 cm×15 cm 的长方形，在距滤纸一端 2 cm 处用铅笔[1]画一直线为起始线，在滤纸的另一端 1～2 cm 处用铅笔画线为前沿线。在起始线上每隔 2～3 cm，用铅笔记一"×"号，再用毛细管将丙氨酸和赖氨酸的混合样品点于"×"号的中心处，同时用铅笔在滤纸的背面注明样品名称。样品点的最大直径不超过0.5 cm。

 NOTE

2. 展开

待样品点上的溶剂挥发后[2]，将滤纸起始线一端放入展开剂内进行展开，使展开剂在起始线下至少 1 cm 处，溶剂即由于毛细管作用沿滤纸流动，样品也随溶剂前进而展开。展开剂为酸性溶剂系统，V（正丁醇）：V（甲酸）：V（水）＝15：3：2。

3. 显色

当展开剂上升到距上端 1/3 处时，取出滤纸，用铅笔记下溶剂前沿位置，再用电吹风吹干或在室温下晾干。将茚三酮溶液均匀地喷到滤纸上[3]，放入烘箱中在 80 ℃下烘干即显出各氨基酸的色斑。

4. 计算 R_f 值

用铅笔标记各色斑的中心，计算各氨基酸的 R_f 值，确定混合氨基酸中的各成分。

【注释】

[1]钢笔中的墨水会随着展开剂移动，墨水中的成分可能与氨基酸发生化学反应，因此必须用铅笔。

[2]点样多时，展开时会出现拖尾；点样少时，显色不明显。

[3]喷显色剂时，使层析纸润湿即可，切勿流淌。

【思考题】

1. 为什么在滤纸上要点丙氨酸纯净物？作用是什么？

2. 取滤纸时，应该注意什么？

3. 简述 R_f 值的定义。影响 R_f 值的主要因素是什么？

NOTE

实验九　设计性提取实验

天然有机化合物设计性提取实验的实验流程与有机化合物制备实验流程相似,目的是使学生通过对知识的归纳总结和资料的查阅,学会思考问题、分析解决问题,并进一步提高实践能力和探索能力。通过实验培养学生综合运用知识的能力和科研思维,使学生能系统地完成整个实验方案的设计、实验操作、实验数据的处理等,并能通过团队协作完成整个实验,为后期课程打下坚实的基础。

下面对一般流程和内容进行简介,读者可根据具体情况进行选择。

【实验题目】

(1) 从枇杷叶/马齿苋/枣叶中提取总黄酮的工艺研究。

(2) 从枇杷叶/马齿苋/枣叶中提取多糖的工艺研究。

【常用提取方法】

(1) 多糖的常用提取方法:水浸提法、微波辅助法、超声波法、索氏提取法。

(2) 黄酮的常用提取方法:回流法、微波辅助法、超声波法。

【提取工艺流程】

(1) 多糖提取工艺流程:马齿苋干品→粉碎→提取→分离→浓缩→沉淀→离心分离→干燥→马齿苋粗多糖→溶解定容→测吸光度→计算多糖含量。

(2) 黄酮提取工艺流程:马齿苋干品→粉碎→提取→分离→浓缩→定容→测吸光度→计算黄酮含量。

【提取成分含量测定】

(1) 多糖含量测定:马齿苋粗多糖→加入一定量的水溶解,定容→采用苯酚-硫酸法显色→测吸光度→计算含量。

(2) 黄酮含量测定:浓缩液定容→加入显色剂($NaNO_2$-$AlCl_3$-$NaOH$)→测吸光度→计算含量。

【实验前的准备工作】

(1) 分组:3~4人一组(学习委员分好组,定一个组长)。

(2) 各组讨论选定题目,组长带领组员根据题目查阅相关的文献资料;每位同学认真阅读2~3篇文献;组长组织组员讨论,选择出最佳的提取方法。

(3) 讨论制定详细的实验步骤,包括用到的仪器、试剂的浓度及用量、最佳反应时间、最佳反应温度等。

(4) 写出详细的设计方案(打印纸质版),交给各大组的指导老师,和老师讨论商量最后的实验方案。

【实验工作】

各组根据实验方案进行实验,认真做好实验记录。

NOTE

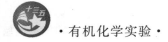

【实验结束后的工作】

（1）计算分析实验结果。

（2）写出详细的实验总结报告。

（卫星星　任铜彦）

· 第五部分 ·

有机化合物性质实验
及综合性鉴别实验

实验一 有机化合物的元素分析实验

【实验目的】

(1) 通过实验学习,了解元素分析的原理及意义。

(2) 巩固用简单化学方法分析有机化合物中的元素。

【实验原理】

有机化合物的元素分析实验是检测有机化合物中存在哪些元素,是未知物检测中的一个重要步骤。一般有机化合物都含有碳、氢两种元素,只要通过灼烧实验确定样品为有机化合物后,无须再进行碳、氢元素的鉴定。由于氧元素至今没有较好的检测方法,只能通过官能团定性实验或根据定量分析结果判断是否含有氧元素。因此,元素定性分析实验主要是分析氮、硫和卤素等。

有机化合物分子中的原子一般以共价键结合,较难溶于水,难以离解成相应的离子而与鉴别试剂发生离子反应。只能将有机化合物破坏,转化成简单的无机离子,再利用无机离子的定性分析法进行检测。分解有机化合物的方法很多,常用的是钠熔法,即将有机化合物和钠混合灼热共熔,使有机物中的氮、硫、卤素等元素转化为氰化钠、硫化钠、卤化钠等可溶于水的无机物,然后用无机物定性分析的方法鉴定。

1. 氮的检测

样品滤液中加入硫酸亚铁溶液,盐酸酸化,再加入三氯化铁溶液,若有普鲁士蓝生成,则样品中含有氮元素。

$$FeSO_4 + 6NaCN \longrightarrow Na_4[Fe(CN)_6] + Na_2SO_4$$
$$3Na_4[Fe(CN)_6] + 4FeCl_3 \longrightarrow Fe_4[Fe(CN)_6]_3 \downarrow + 12NaCl$$
$$普鲁士蓝$$

2. 硫的检测

样品滤液中加入乙酸铅溶液或硝普钠,若生成黑褐色沉淀或溶液呈紫红色,则样品中含有硫元素。

$$S^{2-} + (CH_3COO)_2Pb \longrightarrow PbS \downarrow + 2CH_3COO^-$$
$$S^{2-} + [Fe(CN)_5NO]^{2-} \longrightarrow [Fe(CN)_5(NOS)]^{4-}$$

3. 氮、硫同时检测

样品滤液用盐酸酸化,加入三氯化铁溶液,若溶液呈血红色,则样品中同时含有氮、硫两种元素。

$$Fe^{3+} + 6SCN^- \longrightarrow [Fe(SCN)_6]^{3-}$$

4. 卤素的检测

样品滤液用硝酸酸化,加热煮沸除尽氰化氢和硫化氢后,加入硝酸银的醇溶液,若有沉淀生成,则样品中含有卤素。

$$NaX + AgNO_3 \longrightarrow AgX \downarrow + NaNO_3$$

NOTE

【实验步骤】

1. 钠熔分解试样

用镊子取金属钠[1]一小块,用小刀切取一粒表面光滑、大小如黄豆的金属钠,用滤纸擦干煤油,迅速投入干净的硬质试管中,加热试管[2],使钠熔化。钠蒸气高达 10～15 mm,立即加入约 0.1 g 固体试样,使其落至管底,加热试管,使试样全部分解。停止加热,冷却至室温,用无水乙醇除去未反应完的钠粒。加热除去多余的乙醇,继续加热至试管底部变红,立即浸入盛有 15 mL 蒸馏水的烧杯中,使试管破裂,用 5 mL 蒸馏水洗涤残渣,煮沸过滤,得无色透明钠熔液。

2. 氮元素的检测

取钠熔液 2 mL,加入几滴 10% NaOH 溶液,再加入小粒 $FeSO_4$ 晶体,将混合液煮沸 1 min,如有黑色硫化铁沉淀,须过滤除去,冷却后,再加 2～3 滴 5% $FeCl_3$ 和 10% H_2SO_4,使 $Fe(OH)_3$ 沉淀恰好溶解,如有蓝色沉淀生成则表明含有氮。

3. 硫元素的检测

方法一:取 2 mL 钠熔液于试管中,加入 10% HAc 使呈酸性,煮沸,将醋酸铅试纸置于试管中观察现象。

方法二:取一小粒硝普钠溶液于数滴水中,将此溶液加入盛有 1 mL 钠熔液的试管中,观察现象。

4. 氮元素和硫元素同时检测

取 1 mL 钠熔液于试管中,用 10% HCl 酸化,再滴加 1 滴 5% 的三氯化铁溶液。若溶液呈血红色,则说明有 SCN^- 存在。

5. 卤素的检测

取 1 mL 钠熔液于试管中,用 5% 硝酸酸化,加热煮沸,放冷后,加几滴 5% $AgNO_3$ 溶液,观察现象。

①溴与碘的检测:取钠熔液 2 mL,用稀 H_2SO_4 酸化,微沸数分钟,冷却后加入 1 mL CCl_4 和 1 滴新配制氯水[3],观察现象,如呈紫色,继续加入氯水,边加边振荡,紫色褪去,出现棕黄色,则表明含有溴。

②氯的检测:取 10 mL 滤液,用稀硝酸酸化,煮沸除去硫化氢和氰化氢[4],加入过量硝酸银,使卤化银沉淀完全,过滤,弃去滤液,沉淀用 30 mL 水洗涤。再与 20 mL 0.1% 氨水一起煮沸 2 min,过滤,在滤液中加 HNO_3 酸化,滴加 $AgNO_3$,若有白色沉淀,则表明含有氯。

【注释】

[1]金属钠不能接触手和水,其碎屑或残渣不能乱丢,以免发生危险。

[2]用试管反应或加热时,试管口朝向无人地方。

[3]对于易挥发试剂及有毒有害试剂应在通风橱中进行。

【思考题】

1. 进行元素分析有何意义?检验其中氮和硫为什么用钠熔法或钾熔法?

2. 在滤纸上切取金属钠时,黏在滤纸上的微小钠碎粒应如何处理?

3. 检测卤素时,若试样还有硫和氮,用硝酸酸化再煮沸,可能会有什么气体放出?应如何正确处理?

实验二　烃的性质实验

【实验目的】

（1）通过实验进一步掌握烷烃、烯烃、炔烃、二烯烃、脂环烃和芳烃的主要化学性质。

（2）学会用简单的化学方法鉴别烷烃、烯烃、炔烃、二烯烃、脂环烃和芳烃。

【实验原理】

1. 烷烃

烷烃的化学性质比较稳定，与一般氧化剂、还原剂、强酸、强碱等都不起明显的化学反应。在光照条件下，烷烃可以和卤素发生自由基取代反应生成卤代烃的混合物。

2. 烯烃、炔烃和二烯烃

烯烃分子中含有碳碳双键，双键的存在使烯烃的化学性质比较活泼，最常见的反应为加成反应和氧化反应。烯烃可以与酸性高锰酸钾或 Br_2/CCl_4 溶液反应，常用来鉴别烯烃与饱和烃。

$$RCH{=}\underset{\underset{R_2}{|}}{C}{-}R_1 \xrightarrow[H_3O^+]{KMnO_4} R{-}\overset{\overset{O}{\|}}{C}{-}OH + R_1{-}\overset{\overset{O}{\|}}{C}{-}R_2$$

$$\underset{}{C}{=}\underset{}{C} + Br_2 \longrightarrow \underset{\underset{Br}{|}}{-C}{-}\underset{\underset{Br}{|}}{C}{-}$$

炔烃分子中具有碳碳三键，除具有一般不饱和烃的性质外，直接与叔碳原子相连的 H 原子易被金属取代生成炔烃的金属化合物，此反应可作为末端炔烃的鉴别反应。

$$RC{\equiv}CH + [Ag(NH_3)_2]^+ \longrightarrow RC{\equiv}CAg \downarrow + NH_4^+ + NH_3$$

乙炔银（白色）

二烯烃性质与烯烃相似，共轭二烯烃能与顺丁烯二酸酐发生环加成反应形成白色沉淀。

3. 脂环烃

饱和脂环烃的性质与烷烃相似，一般只能与卤素在光照、高温条件下发生卤代反应，其中小环脂环烃可以与卤素、卤化氢发生开环反应；不饱和脂环烃与不饱和烃性质相似，可以发生加成、氧化反应等。

4. 芳烃

苯环的共轭程度较大，性质较稳定，易发生亲电取代反应，难以发生加成、氧化等反应。由于其亲电取代反应后产物的溶解度、颜色等发生变化，可用于鉴别芳烃。当苯环侧链烃基上具有 α-H 时，可发生氧化反应。

NOTE

【实验步骤】

1. 烃的氧化反应

取试管 6 支,加入 0.03 mol/L KMnO₄ 溶液 10 滴和 3 mol·L⁻¹ H₂SO₄ 2 滴,摇匀,其中 5 支分别加入液体石蜡、汽油、环己烯、苯、甲苯样品各 10 滴,振荡后观察有无颜色变化? 另一支通入乙炔气体后观察有无颜色变化? 观察现象。

2. 烃的加成反应和卤代反应

取 5 支干燥试管,分别加入液体石蜡、环己烯、苯、甲苯样品各 10 滴,再分别加入 3 滴含 3% 溴的四氯化碳溶液,摇匀试管使溶液混合均匀后观察有无颜色变化? 把无变化的试管放在阳光下,半小时后观察其颜色变化,观察现象。

取 1 支干燥试管,加入 3 滴含 3% 溴的四氯化碳溶液,再通入乙炔气体后观察有无颜色变化,观察现象。

3. 炔烃的性质

(1)乙炔的制取。

在 1 支试管里加入 3～4 mL 饱和食盐水,再加入数小块碳化钙,立即有气体产生[1]。将一团疏松的棉花塞进试管的上部,并塞上带导管的塞子,观察现象。

(2)金属炔化物的生成。

取试管 2 支分别加入氯化亚铜氨溶液 10 滴和硝酸银氨溶液 10 滴。将乙炔气体的导管分别插入准备好的 2 支试管中,观察有无颜色变化,观察现象[2]。

4. 芳烃的性质

(1)溴代反应:取试管 2 支,分别加入 10 滴苯和 3 滴含 3% 溴的四氯化碳溶液。其中一支试管加入少许铁粉,振摇观察有无颜色变化,观察现象[3]。

(2)磺化反应:取试管 3 支,分别加入 10 滴苯、甲苯、环己烷,再加入 1 mL 浓硫酸,振摇均匀,放入 60～80 ℃ 水浴中加热 15～20 min,观察现象。将反应后的混合物分成两份,一份倒入盛有 10 mL 水的小烧杯,另一份倒入 10 mL 不饱和食盐水的小烧杯中,观察现象[3]。

(3)硝化反应:取试管 3 支,分别加入 0.5 mL 浓硝酸和 0.5 mL 浓硫酸混匀后,加入 10 滴苯和甲苯及 50 mg 萘,放入 60～80 ℃ 水浴中加热 15～20 min,观察产物的颜色及其在水中的溶解度和比重。

(4)傅-克反应:取试管 3 支,分别加入 2 mL 无水氯仿,再分别加入 10 滴苯、甲苯和 50 mg 萘,充分摇匀后沿试管壁加入无水 AlCl₃ 粉末 0.3 g,观察壁上粉末和溶液颜色的变化。

【注释】

[1]制取乙炔时,碳化钙与水作用非常猛烈,改用饱和食盐水代替水,可以产生平稳而且均匀的乙炔气体。乙炔银和乙炔亚铜在干燥状态下均具有高度的爆炸性。所以实验完毕后,金属炔化物不得乱扔,应及时用酸将其处理。制备乙炔时不需要加热。

[2]乙炔银沉淀为白色,但是乙炔纯度不好时,常显较深的灰白色。乙炔亚铜为红色。

[3]在溴代和磺化反应中,由于芳烃和酸很难混溶,所以需充分振摇均匀。

NOTE

【思考题】

1. 制取乙炔时为什么用饱和食盐水代替水与碳化钙反应？

2. 金属炔化物有什么特性？实验完毕后应如何处理？

3. 不饱和烃与溴反应时，为什么常用溴的四氯化碳溶液，而不是溴水？

4. 根据芳烃亲电取代反应的现象，解释基团对反应活性的影响。

 NOTE

实验三 卤代烃的性质实验

【实验目的】

（1）通过实验学会卤代烃的鉴别方法。

（2）通过实验进一步理解烃基结构不同和卤原子不同对卤代烃反应活性的影响。

【实验原理】

卤代烃是一类比较活泼的有机化合物，易发生亲核取代和消除反应，但由于烃基结构和卤素的种类不同，卤代烃的反应活泼性不同。烃基相同的卤代烃的活泼性顺序如下：$RI > RBr > RCl > RF$。卤代烃在发生亲核取代反应时，烃基的结构影响卤代烃的活泼性，S_N1 反应历程：叔卤代烃＞仲卤代烃＞伯卤代烃；S_N2 反应历程：伯卤代烃＞仲卤代烃＞叔卤代烃。卤代烃在发生消除反应时主要生成烯烃，产物遵循札依采夫规则（Zaitsev rule），其活泼性顺序如下：叔卤代烃＞仲卤代烃＞伯卤代烃。

卤离子与银离子能形成沉淀，随着卤离子的不同，沉淀颜色不同，故常用硝酸银的醇溶液鉴别卤代烃。

$$R-X + AgNO_3 \xrightarrow{CH_3CH_2OH} AgX\downarrow + RONO_2$$

卤原子与双键或芳环上的碳原子直接相连，由于产生 p-π 共轭效应，性质比较稳定，不与硝酸银的醇溶液作用；卤原子与双键或芳环上的碳原子相隔一个碳原子时，反应活性高，很容易与硝酸银的醇溶液作用形成沉淀。

反应活性：$\begin{matrix} CH_2=CHCH_2X \\ PhCH_2X \end{matrix} > R_3CX > R_2CHX > RCH_2X > \begin{matrix} CH_2=CHX \\ PhX \end{matrix}$

【实验步骤】

1. 卤代烃与硝酸银的醇溶液的反应

（1）卤原子相同而烃基不同的卤代烃反应活性比较。

取 5 支干燥试管，各放入 1 mL 5％硝酸银的醇溶液，然后分别加入 3 滴 1-溴丁烷、2-氯丁烷、2-氯-2-甲基丙烷、溴化苄、溴苯，振荡各试管，观察有无沉淀析出。如 10 min 后仍无沉淀析出，可在水浴中加热煮沸后再观察。在有沉淀生成的试管中各加 1 滴 5％硝酸，如沉淀不溶解，表明沉淀为卤化银[1]。记录观察到的现象，写出各类卤代烃的反应活性次序及反应方程式。

（2）烃基相同而卤原子不同的卤代烃反应活性比较。

取 3 支干燥试管，分别加入 1 mL 5％硝酸银的醇溶液，然后再分别滴加 3 滴 1-氯丁烷、1-溴丁烷、1-碘丁烷，按上述方法操作，观察和记录生成沉淀的颜色和时间，比较不同卤原子的活泼性[2]，写出反应方程式。

2. 卤代烃与碘化钠丙酮溶液的反应

取 4 支干燥试管，分别加入 1 mL 碘化钠丙酮溶液，然后再分别加入 3 滴 1-溴丁烷、溴化苄、溴苯和 2,4-二硝基氯苯。振荡各试管，观察有无沉淀析出，记录产生沉淀的时间。5 min 后，将仍无沉淀析出的试管放在 50 ℃的水浴里加热 6 min，然后将其取

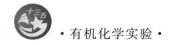

出冷却至室温[3-4]。注意观察试管里的变化并记录产生沉淀的时间。

【注释】

[1] 烯丙基型卤代烃、叔卤代烃、碘代烃等立即生成卤化银沉淀。此外，$R_3N^+HX^-$、$R_4N^+X^-$、RCOX 在室温下也能立即生成卤化银沉淀。

[2] 伯卤代烃、仲卤代烃加热后能生成卤化银沉淀，此外，$RCHBr_2$、对硝基氯苯也能在加热后生成沉淀。

[3] 试管必须干燥洁净，否则生成的溴化钠、碘化钠溶于水中而不易看到沉淀。

[4] 碘化钠丙酮溶液的配制方法：称取 15 g 碘化钠溶于 100 mL 丙酮中，新配制的溶液是无色的，静置后呈柠檬色，必须储存于棕色瓶中。如果溶液呈红棕色，则弃去重配。

【思考题】

1. 根据本实验观察得到的卤代烃反应活性次序，说明原因。

2. 是否可用硝酸银水溶液代替硝酸银的醇溶液进行反应？

3. 加入硝酸银的醇溶液后，如生成沉淀，能否据此判断原来试样含有卤原子？

NOTE

164

实验四　醇和酚的性质实验

【实验目的】

（1）通过实验进一步掌握醇、酚的化学性质。

（2）学会常见醇、酚的鉴别方法。

【实验原理】

1. 醇

（1）一元醇是中性化合物，与碱的水溶液不起反应，但易与金属钠（或钾）反应生成醇钠（或醇钾），同时放出氢气，但反应比水慢。这个反应随着醇的相对分子质量的增大而反应速度减慢，醇的反应活性为甲醇＞伯醇＞仲醇＞叔醇。

$$2RCH_2OH + 2Na \longrightarrow 2RCH_2ONa + H_2 \uparrow$$

（2）醇分子中由于羟基的影响，α-H 较活泼，容易发生氧化反应。伯醇和仲醇由于存在 α-H，容易被氧化，而叔醇没有 α-H，难被氧化。加入高锰酸钾反应后溶液由紫红色变为浅色或无色，重铬酸钾溶液由橙黄色变成黄绿色且变混浊。

$$R-CH_2-OH \xrightarrow{[O]} R-\overset{\overset{\displaystyle O}{\|}}{C}-H \xrightarrow{[O]} R-\overset{\overset{\displaystyle O}{\|}}{C}-OH$$

$$R-\overset{\overset{\displaystyle R'}{|}}{C}H-OH \xrightarrow{[O]} R-\overset{\overset{\displaystyle O}{\|}}{C}-R'$$

（3）醇中的羟基可被卤素取代而生成卤代烃，反应速度与醇的类型和氢卤酸的性质有关，醇的活泼性次序为叔醇＞仲醇＞伯醇。通常用卢卡斯试剂（无水氯化锌的浓盐酸溶液）来鉴别少于 6 个碳原子的伯醇、仲醇、叔醇。

$$R-CH_2-OH + HX \longrightarrow R-CH_2-X + H_2O$$

（4）邻二醇由于分子中羟基数目增多，羟基中氢的电离度增大，因此邻二醇具有弱酸性，可与重金属的氢氧化物（如新制备的氢氧化铜）发生反应，生成绛蓝色的配合物。因此可用此反应鉴别含有相邻羟基的多元醇。

$$\begin{array}{l} CH_2-OH \\ | \\ CH_2-OH \end{array} + Cu(OH)_2 \longrightarrow \begin{array}{l} CH_2-O \\ \diagdown \\ Cu + 2H_2O \\ \diagup \\ CH_2-O \end{array}$$

绛蓝色

2. 酚

（1）酚羟基上的氢能部分电离，故酚类具有弱酸性，能溶于碱溶液（如 NaOH 溶液），生成酚盐。

$$\text{（苯酚）OH} + NaOH \longrightarrow \text{（苯酚）ONa} + H_2O$$

 NOTE

（2）酚类或含有酚羟基的化合物，大部分均能与三氯化铁发生特有的颜色反应，产生颜色的原因主要是生成有色配合物。凡具有烯醇式结构（—CH=C—，带有OH）的化合物也有该反应。

（3）酚羟基是直接与苯环相连的，增加了邻、对位氢原子的活泼性而容易发生亲电取代反应。苯酚与溴水作用立即生成 2,4,6-三溴苯酚。

【实验步骤】

1. 醇的性质

（1）与金属钠反应

取 1 支干燥的试管加入 1 mL 无水乙醇，再加入 1 粒绿豆大小的用滤纸擦干的金属钠（取金属钠一定要用镊子，不能用手直接拿取，以免灼伤）。待金属钠消失后，加数滴水，用 pH 试纸检查溶液的碱性，观察现象。

（2）醇的氧化

取 3 支小试管，分别加入乙醇、仲丁醇、叔丁醇 4 滴，然后在每支试管中加入 5％的 $K_2Cr_2O_7$ 溶液 3 滴和 3 mol/L 硫酸溶液 2 滴，振摇后，观察现象。

（3）与卢卡斯试剂反应[1-2]

取 4 支干燥的试管，分别加入乙醇、丁醇、仲丁醇和叔丁醇各 5 滴，然后同时向 4 支试管中加入 15 滴卢卡斯试剂，塞好管口，振荡后静置，观察试管内反应液是否变混浊，以及有无分层现象。记录开始变混浊的时间。

（4）氢氧化铜的反应：在试管中加入 1 mL 5％的 $CuSO_4$ 溶液，滴入稍过量的 5％ NaOH 溶液，立刻有 $Cu(OH)_2$ 絮状沉淀析出，静置后倾去上层液，再加 2～3 mL 水制成悬浊液，将悬浊液分为两份，分别加入甘油和乙醇各 2～3 滴，摇匀后观察结果，并比较反应现象。

2. 酚的性质

（1）酚的弱酸性

将 pH 试纸放在表面皿上，用蒸馏水润湿，在试纸上滴加 1 滴 1％苯酚溶液，观察现象[3]。

取 2 支试管编号，各加 1 小粒固体苯酚和 4 滴水，振荡，观察现象。往试管 1 中加入饱和碳酸氢钠溶液 1 mL，振荡，观察现象。往试管 2 中滴加 5％ NaOH 溶液，振荡直到溶解，再加入 10％盐酸使溶液呈酸性，观察现象。

（2）酚与溴水[4-5]的反应

在试管中加入 1％苯酚溶液 4 滴，慢慢滴加饱和溴水并振荡，直到有白色沉淀生成，观察并解释现象，写出反应方程式。

（3）与 $FeCl_3$ 的显色反应

取 1％苯酚溶液 5 滴，加入 2 滴 1％ $FeCl_3$ 溶液，振荡。观察并解释发生的现象。

【注释】

[1]卢卡斯实验所用的试管必须干燥，否则影响鉴别结果。

[2]卢卡斯试剂的配制方法：将 34 g 无水氯化锌溶于 25 mL 浓盐酸中，边加边搅拌，并置于冰浴中冷却以防氯化氢逸出，最后体积约为 35 mL。

[3]酚的腐蚀性很强，应细心操作，一旦洒落在皮肤或衣物上，应及时用自来水冲

NOTE

洗并用稀的碳酸钠溶液擦拭皮肤。

[4]溴水是溴化剂,也是氧化剂。当苯酚的水溶液发生溴代反应时,很快产生白色的 2,4,6-三溴苯酚,如果继续与过量的溴水作用,可变为淡黄色难溶于水的四溴化合物。

[5]溴水毒性很强且易挥发,使用时应谨慎、快速操作,防止吸入体内。

【思考题】

1. 在醇与金属钠的反应中为什么要用干燥试管?

2. 今有两瓶液体药品,不知哪一瓶是醇,哪一瓶是酚,如何用简单的化学方法加以区别?

3. 为什么苯酚能溶于氢氧化钠溶液而不能溶于碳酸氢钠溶液?

4. 与新制备的氢氧化铜溶液的反应还可用于鉴定哪些物质?

NOTE

实验五 醛、酮的性质实验

【实验目的】

(1) 验证醛、酮的化学性质,进一步加深理解分子结构与其化学性质的关系。

(2) 学会醛、酮的鉴别方法。

【实验原理】

1. 醛、酮的亲核加成反应

醛、酮能与亲核试剂发生亲核加成反应,例如:氢氰酸、亚硫酸氢钠、氨及氨的衍生物等,特别是 2,4-二硝基苯肼几乎能与所有的醛、酮迅速反应,生成橙黄色或橙红色的晶体,常用来鉴别醛、酮。

$$\text{O=C} + \text{(2,4-二硝基苯肼)} \xrightarrow{\triangle} \text{(腙)} \downarrow + H_2O$$

醛、酮与亚硫酸氢钠的加成不是所有羰基化合物都能发生,只有醛和脂肪族甲基酮、8 个碳以内的环酮才能反应生成白色沉淀。醛、酮与亚硫酸氢钠的反应是可逆的,生成的 α-羟基磺酸钠遇稀酸或碱即可分解而得到原来的醛或酮。因而,这一反应常被用来分离、提纯某些醛或酮。醛、酮也可用作亚硫酸根的掩蔽剂。

$$\text{C=O} + NaHSO_3 \rightleftharpoons \text{C(OH)(SO}_3\text{Na)} \downarrow$$
（白色）

2. 醛的还原性

醛可被强氧化剂高锰酸钾等氧化,也可被碱性弱氧化剂如 Tollen 试剂和 Fehling 试剂所氧化,生成含相同碳原子数的羧酸,而酮却不能被氧化;其中甲醛与 Fehling 试剂反应会形成铜镜;芳香醛不与 Fehling 试剂反应。因此 Fehling 试剂可用于鉴别脂肪醛和芳香醛。

$$R-CHO + [Ag(NH_3)_2]^+OH^- \xrightarrow{50\sim60\,℃} R-CO-ONH_4^+ + Ag\downarrow$$

$$R-CHO + Cu^{2+}（配离子）\xrightarrow{\triangle} R-CO-O^- + Cu_2O\downarrow + H_2O$$

3. 碘仿反应

具有 CH_3-CO- 结构的醛、酮能与碘的碱性溶液作用,形成碘仿和羧酸盐,碘仿是淡黄色晶体,特臭、容易识别,此反应称为碘仿反应,常用来鉴别乙醛和甲基酮。次

NOTE

168

碘酸钠也是氧化剂,可把乙醇及具有 $CH_3\!-\!\overset{\displaystyle OH}{\underset{\displaystyle |}{CH}}\!-\!$ 结构的仲醇或叔醇氧化为乙醛或甲基酮,继而发生碘仿反应。

$$CH_3\overset{\displaystyle O}{\overset{\displaystyle \|}{C}}R \xrightarrow{I_2/NaOH} RCOONa + CHI_3$$

$$CH_3\overset{\displaystyle OH}{\underset{\displaystyle |}{C}}HR \xrightarrow[I_2]{NaOH} CH_3\overset{\displaystyle O}{\overset{\displaystyle \|}{C}}R \xrightarrow[I_2]{NaOH} RCOONa + CHI_3 \downarrow$$

4. 丙酮的显色反应

丙酮在碱性溶液中能与亚硝酰铁氰化钠作用显红色,此反应应用于检验丙酮。

5. 醛的特殊反应

醛能与 Schiff 试剂(即品红亚硫酸试剂)反应,形成一种紫红色的醌型染料,向有颜色变化的试管中滴加稀硫酸,除甲醛外都褪色,酮无此反应。

【实验步骤】

1. 醛与酮的亲核加成反应

(1)与饱和亚硫酸氢钠溶液反应[1]。

取 2 支干试管,各加入新配制的饱和亚硫酸氢钠溶液 2~3 滴,然后分别加入苯甲醛、丙酮各 3~4 滴,振摇,试管于冰水浴中冷却。必要时可用玻璃棒摩擦管壁,以促使晶体析出。观察现象。

(2)与羰基试剂的反应。

取 3 支试管分别加入 1~2 滴乙醛、丙酮、苯甲醛,然后向各试管中滴加 10 滴 2,4-二硝基苯肼试剂,边滴加边振荡,观察有无沉淀析出。

2. 醛的还原性

(1)与 Tollen 试剂反应。

将配制的 Tollen 试剂[2]分置于 2 支清洁的小试管中,分别加入 5 滴乙醛[3]、5 滴丙酮,摇匀。把 2 支试管置于 50~60 ℃ 水浴中加热,数分钟后,观察现象。

(2)与 Fehling 试剂反应[4]。

取 3 支试管,分别加入 Fehling 甲(硫酸铜溶液)和 Fehling 乙(酒石酸钾钠的氢氧化钠溶液)各 10 滴,混合均匀后分别加入甲醛、乙醛、丙酮各 5 滴,振荡,置沸水浴中加热 20 min,观察颜色的变化及是否有砖红色沉淀生成。

3. 与品红亚硫酸试剂(Schiff 试剂)反应[5]

取 3 支试管,各加入 Schiff 试剂 1~2 滴,再各加入甲醛、乙醛、丙酮各 1 滴,振荡,观察有何现象发生,向有颜色变化的试管中稀硫酸,观察颜色变化。

4. 碘仿反应

取 4 支试管,各加入 2~3 滴甲醛、乙醛、乙醇、丙酮,再各加入 10 滴碘试剂,摇匀,再分别滴加 5% 氢氧化钠溶液至碘的颜色褪去为止,振荡,观察有无沉淀生成,若无沉淀,可在 50~60 ℃ 水浴中加热数分钟,冷却后,静置观察,并解释发生的现象。

5. 丙酮的检验

在 1 支试管中加入 10 滴丙酮和 10 滴 1% 亚硝酰铁氰化钠溶液,然后加入 2 滴 5%

NOTE

氢氧化钠溶液,观察现象。

【注释】

[1]亚硫酸氢钠溶液不稳定,易被氧化和分解。因此,不宜保存过久,以实验前配制为宜。

[2]配制 Tollen 试剂时,可加 1 滴氢氧化钠溶液,因为过量的 OH^- 能加速醛的氧化。另外配制 Tollen 试剂时,应防止加入过量氨溶液,否则将生成雷酸银,受热后容易引起爆炸,试剂本身还将失去活性。Tollen 试剂久置后将析出黑色的氮化银(Ag_3N)沉淀,受震动时分解发生猛烈的爆炸。因此 Tollen 试剂必须在临用时配制,不宜储存备用。

[3]做乙醛与 Tollen 试剂反应的实验时,试管一定要洗干净,否则产生的银就会呈黑色细粒沉淀析出,在试管壁上无银镜生成;反应时必须采用水浴加热,加热时间不宜过长,温度不宜过高,以免生成雷酸银。实验完毕,应加入硝酸少许,立即煮沸洗去银镜,以免反应液久置可能产生雷酸银而发生爆炸。

[4]Fehling 试剂只与脂肪醛反应,生成砖红色的氧化亚铜(甲醛反应后生成金属铜)。Fehling 试剂不与芳香醛和酮作用,但 Fehling 试剂如果加热时间过长也会分解产生砖红色的氧化亚铜沉淀,不要误认为芳香醛及酮也与之发生了反应。

[5]配制品红亚硫酸试剂时先溶解品红盐酸盐,再加亚硫酸氢钠,静置至红色褪去。如果溶液最后仍呈黄色,则加入活性炭脱色,过滤使用。

【思考题】

1. 为什么亚硫酸氢钠溶液要用饱和溶液? 为什么要新配制?

2. 哪些醛、酮可以发生碘仿反应? 乙醇和异丙醇为什么也能发生碘仿反应?

3. 银镜反应为什么要使用洁净的试管? 实验结束后为什么要用稀硝酸分解反应液?

4. 如何鉴别以下三种试剂:甲醛、乙醛、丙酮?

NOTE

实验六　羧酸、取代羧酸、羧酸衍生物的性质实验

【实验目的】

(1) 通过实验验证羧酸、取代羧酸、羧酸衍生物的化学性质。

(2) 进一步巩固羧酸、取代羧酸、羧酸衍生物的鉴别方法。

【实验原理】

1. 一元羧酸的性质

(1) 羧酸的酸性：羧酸分子中有羧基，显酸性，能与 $NaOH$、Na_2CO_3 等反应生成羧酸盐，也能与 $NaHCO_3$ 反应生成 CO_2。

$$CH_3COOH + Na_2CO_3 \longrightarrow CH_3COONa + H_2O + CO_2 \uparrow$$

(2) 酯化反应：羧酸可以与醇作用生成酯和水，酯化反应通常要用浓硫酸作为催化剂。酯类为油状液体，难溶于水，比水轻。为降低酯类在水中的溶解度可以加入饱和食盐水，此作用称为盐析。

$$CH_3COOH + C_2H_5OH \underset{}{\overset{\text{浓 } H_2SO_4}{\rightleftharpoons}} CH_3COOC_2H_5 + H_2O$$

2. 二元羧酸的性质

(1) 饱和二元羧酸与不饱和二元羧酸性质的比较：不饱和二元羧酸中含有不饱和键，可与 $KMnO_4$ 和 Br_2/CCl_4 反应。

(2) 二元羧酸的脱羧反应：二元羧酸在加热条件下易发生脱羧反应，产物随碳原子数的不同而发生变化。

3. 取代羧酸的性质

(1) 酚羟基羧酸与 $FeCl_3$ 显色：酚羟基羧酸具有酚和羧酸的性质，如水杨酸具有酸性，与 $FeCl_3$ 溶液作用生成蓝紫色配合物。

(2) 乳酸的氧化与丙酮酸的脱羧：乳酸中的 α-羟基受到羧基的影响，可以被氧化生成丙酮酸，丙酮酸容易发生脱羧反应，生成乙醛和 CO_2。这也是 α-酮酸的共同性质。

$$\underset{\substack{\\ CH_3CHCOOH}}{\overset{OH}{|}} \xrightarrow{[O]} \underset{\substack{\\ CH_3CCOOH}}{\overset{O}{\|}} \xrightarrow{\triangle} \underset{\substack{\\ CH_3C-H}}{\overset{O}{\|}} + CO_2 \uparrow$$

(3) 乙酰乙酸乙酯的互变异构：由于乙酰乙酸乙酯具有互变异构现象，溶液中存在酮式和烯醇式两种异构体，所以其既有酮的性质，又有烯醇的性质。

酮型的存在可用 2,4-二硝基苯肼来验证，向乙酰乙酸乙酯水溶液中加入 2,4-二硝基苯肼可有黄色晶体生成。烯醇型的存在可用 $FeCl_3$ 溶液检查，其与 $FeCl_3$ 溶液作用呈紫色。

4. 羧酸衍生物的性质

酰氯和酸酐可发生水解反应生成羧酸，可发生醇解反应生成酯类，可发生氨解反应生成酰胺；酯可发生水解生成羧酸和醇。

【实验步骤】

1. 一元羧酸的性质

（1）羧酸的酸性。

用镊子夹取一小块 pH 试纸，放在点滴板上，加 1 滴 2 mol/L 乙酸，根据 pH 试纸的颜色变化，确定溶液的 pH。另取一小试管加 10 滴 10% $NaHCO_3$ 溶液，再滴入 2 mol/L 乙酸数滴，观察现象。

（2）羧酸的酯化[1]。

取 2 支干燥试管，各加入冰乙酸 10 滴及无水乙醇 10 滴，再向第 1 支试管中加入 2 滴浓硫酸，将 2 支试管同时放入 60～70 ℃水浴中加热 5～6 min，取出试管，第 1 支试管[2]是否有酯的香味？向 2 支试管各加入饱和食盐水[3]20 滴，摇匀，观察现象。

2. 二元羧酸的性质

（1）不饱和酸的不饱和性。

取 2 支试管，分别加入 5% 丁二酸溶液 5 滴和 5% 顺丁烯二酸 5 滴，再各加入 1% $KMnO_4$ 溶液 1～2 滴，摇匀，观察现象。

（2）草酸的脱羧。

在 1 支干燥试管中放入半勺(0.5～1.0 g)草酸，试管口塞一带有导管的塞子，加热试管，将导管通入盛有石灰水的试管中，观察石灰水中有无 $CaCO_3$ 白色沉淀产生，观察现象。

3. 取代羧酸的性质

（1）酚羟基羧酸与 $FeCl_3$ 溶液呈色。

①水杨酸与 $FeCl_3$ 溶液的反应：取 2 支试管，1 支试管加 0.1% 苯甲酸 5 滴，另 1 支试管加 0.1% 水杨酸溶液 5 滴，并用 pH 试纸检验其酸性，再加入 1% $FeCl_3$ 溶液，观察现象。

②阿司匹林水解前后与 $FeCl_3$ 的反应：取阿司匹林固体少许，溶于 4～5 mL 蒸馏水中，分成两份，取其中一份溶液加 1% $FeCl_3$ 溶液 1～2 滴，观察颜色变化。将另一份溶液加热 2～3 min，冷却后，再加 1% $FeCl_3$ 溶液 1～2 滴，观察颜色变化。

（2）乳酸的氧化与丙酮酸的脱羧。

向带有导管的大试管中加入乳酸 30 滴，加入 2～3 玻璃勺的 $KMnO_4$ 晶体，紧塞管口，在沸水浴中加热，将生成的气体导入盛有石灰水的试管中，观察石灰水中有无 $CaCO_3$ 白色沉淀产生，观察现象。

（3）乙酰乙酸乙酯的互变异构现象。

①取 1 支试管加 1% 乙酰乙酸乙酯溶液 5 滴及 2,4-二硝基苯肼溶液 1～2 滴，振摇，观察现象。

②另取 1 支试管加入 1 mL 1% 乙酰乙酸乙酯溶液及 1 滴 1% $FeCl_3$ 溶液，观察颜色变化。如果向这支试管中加入 2～3 滴饱和溴水有何现象？为什么？放置后，又有何现象？

4. 羧酸衍生物的性质

（1）酰氯和酸酐的水解。

取 2 支试管分别加水 1 mL，然后分别滴加 4 滴乙酰氯、5 滴乙酸酐，观察现象。然后在溶液中滴加 2 滴 5% 硝酸银的醇溶液，观察现象。

（2）酰氯和酸酐的醇解。

取 2 支干燥试管分别加无水乙醇 1 mL，然后分别滴加 10 滴乙酰氯、5 滴乙酸酐，冷却后加水 2 mL，用 10% NaOH 溶液中和至石蕊试纸变蓝，观察现象。

（3）酰氯和酸酐的氨解。

取 2 支试管分别加入苯胺 5 滴，再分别加入乙酸酐 10 滴、乙酰氯 5 滴，混合均匀，待反应结束后加水，观察现象[4]。

（4）酯的水解。

取 3 支试管均加入 1 mL 乙酸乙酯和 1 mL 水；第 2 支试管滴加 2 滴浓硫酸；第 3 支试管滴加 2 滴 20% NaOH 溶液。混合均匀，观察现象，3 支试管有何不同？

【注释】

[1]本实验羧酸成酯反应的温度必须控制在 70 ℃左右。

[2]第 1 支试管分成两层，上层为乙酸乙酯、下层为水层。

[3]NaCl 溶于水，而不溶于乙醇、乙酸或乙酸乙酯中，当饱和 NaCl 水溶液倒入这些溶剂中时，往往析出 NaCl 晶体。

[4]加入乙酸酐的试管需要加热，反应完成后，若无晶体出现，可用玻璃棒摩擦内壁。

【思考题】

1. 本实验中羧酸成酯反应的温度偏高或偏低会有什么影响？

2. 试总结能与 $FeCl_3$ 发生显色反应的化合物的结构特点。

3. 酯化反应中浓硫酸的作用是什么？ 比较酯水解反应在酸性介质和碱性介质中的不同，并解释说明原因。

NOTE

实验七　胺、酰胺的性质实验

【实验目的】

(1) 通过实验验证酰胺的化学性质、胺类化合物的化学性质。

(2) 进一步巩固胺类和酰胺的鉴别方法。

【实验原理】

1. 胺类

(1) 碱性:胺类是有机碱,其化学性质与氨相似,在水溶液中易接受 H^+ 而呈碱性。

(2) 胺类的性质:胺类根据氮原子上连接的氢原子数目可分为伯、仲、叔三种,它们与 HNO_2 或苯磺酰氯反应时现象和产物会有所不同,可用来鉴别伯、仲、叔三种胺类;其中胺类与苯磺酰氯的反应具有可逆性,可用于提取分离三种不同的胺类。

(3) 芳香胺的特性:芳香胺可以发生取代反应和氧化反应,芳香伯胺在低温条件下可与亚硝酸反应生成重氮盐。其在一定 pH 条件下能与酚或芳香胺等发生亲电取代反应,形成颜色鲜艳的偶氮化合物;也可加热分解放出氮气,形成其他的化合物。

$$\text{（图：苯胺）} \xrightarrow[0\sim5\ ℃]{NaNO_2,HCl} \text{（图：苯基）}-\overset{+}{N}\equiv N\overset{-}{Cl} + NaCl + H_2O$$

2. 酰胺类

酰胺由于酰基的引入无明显的碱性(pK_b 为 $14\sim16$),呈中性,能发生水解反应。脲是一种常见的碳酸衍生物,常称为尿素,是动物蛋白质代谢的最终产物,成人每日排泄的尿液中含 $25\sim30$ g 的脲。固体脲加热后可生成缩二脲,在缩二脲的碱溶液中加入少量的硫酸铜稀溶液,溶液呈红色或紫红色,可用于鉴别含有酰胺键的化合物。

【实验步骤】

1. 胺类

(1) 胺类的碱性。

取 2 支试管分别滴加 2 滴 2%乙二胺溶液和 2 滴苯胺,分别加 10 滴水,于 pH 试纸上呈何颜色? 比较碱性大小如何? 在苯胺混悬液中滴加 6 mol/L 盐酸数滴,振摇后观察现象。

(2) 芳香仲胺、叔胺与 HNO_2 的反应。

取 2 支试管分别加入 3 滴 N-甲基苯胺和 3 滴 N,N-二甲基苯胺,再加入浓盐酸和水各 0.5 mL,混合均匀后用冰水冷却。接着加入预先用冰水冷却过的 25%亚硝酸钠溶液 1 mL,振摇、观察比较现象。在 N,N-二甲基苯胺的试管中加入 1 mL 10% NaOH 溶液,观察现象。

(3) 兴斯堡反应。

取 3 支试管分别加入 0.1 mL 苯胺、N-甲基苯胺、N,N-二甲基苯胺,再各滴加 4 滴苯磺酰氯和 5 mL 10%氢氧化钠溶液,塞好试管用力振荡后,在温水浴中加热至无苯磺酰氯臭味为止。待溶液冷却后用 pH 试纸检查是否呈碱性,若不呈碱性,用 10％氢氧化钠溶液碱化至碱性,观察现象[1]。最后滴加 5％盐酸溶液至酸性,观察现象。

（4）重氮化反应及重氮盐的性质。

①取 1 支试管加入 2 滴苯胺及 10 滴 6 mol·L^{-1} 盐酸,将试管放在冰水浴中冷却,一边振摇一边滴加 3％ NaNO$_2$ 至反应液刚好使 KI-淀粉试纸变色为止[2]。

将试管仍放在冰水浴中冷却。

②取 2 支小试管,向第 1 支中加入 1％苯酚 1～2 滴及 2 mol·L^{-1} NaOH 溶液 1 mL,摇匀,使苯酚溶解。向第 2 支试管加入 1％ β-萘酚的 NaOH 溶液 1～2 滴。然后向 2 支试管中各加入 1 mL 上述制得的重氮盐溶液,观察现象。

③将剩余的重氮盐溶液放在 50～60 ℃水浴上加热,这时重氮盐分解放出氮气,生成苯酚。取几滴反应液于另一试管中,加入数滴饱和溴水,观察现象。

2. 酰胺

（1）水解。

取 2 支试管分别加入 0.1 g 乙酰胺和 0.2 g 尿素,再各加入 1 mL 10％ NaOH 溶液和 2 mL 澄清石灰水溶液,水浴加热,并用湿润的 pH 试纸检验,观察现象。

（2）缩二脲反应。

在 1 支干燥的试管中加入 0.2 g 固体脲,加热熔化,随后放出氨气（可用湿润的 pH 试纸放在试管口检验）,继续加热至出现白色固体。冷却后加入少量蒸馏水并用玻璃棒搅拌,使生成的缩二脲溶于水,静置后倾出上层清液于另一试管中,加入 1～2 滴 10％NaOH 溶液及 1 滴 0.2％ CuSO$_4$ 溶液,观察现象。

【注释】

[1]溶液中无沉淀析出,加酸后出现沉淀的是伯胺;溶液中有沉淀或油状物,加酸后不溶的是仲胺;溶液中有油状物,加酸后溶解的是叔胺。

[2]过量的亚硝酸把碘化钾氧化成碘,碘遇淀粉试纸呈蓝色。

【思考题】

1. 制备氯化重氮苯时,为什么要用过量的盐酸? 为什么要在 0～5 ℃进行重氮化反应?

2. 用 KI-淀粉试纸指示重氮化反应的终点,依据的原理是什么?

3. 鉴别伯、仲、叔胺有哪些方法? 如何区别脂肪族和芳香族的伯、仲、叔胺?

4. 缩二脲反应还可用于鉴定哪些物质?

实验八　糖的性质实验

【实验目的】

（1）通过实验巩固糖类化合物的主要化学性质及鉴别反应。

（2）学会还原糖鉴别反应的实验操作。

【实验原理】

1. 糖类的显色反应

所有的单糖、双糖及多糖在浓 H_2SO_4 存在下均能与 α-萘酚反应，生成紫红色化合物，此反应称为 Molisch 反应，是鉴别糖类化合物的一种方法。

紫色化合物的出现是由于糖类在浓 H_2SO_4 作用下生成糠醛或其衍生物，然后再与 α-萘酚缩合生成紫色物质。

2. 糖的还原性

所有的单糖和还原性的聚糖均能被碱性弱氧化剂如 Tollen 试剂、Fehling 试剂，Benedict 试剂氧化。Benedict 试剂较 Fehling 试剂稳定，能长期保存，临床上常用来检查尿和血液中是否含有葡萄糖。

3. 糖脎的生成

单糖和还原性聚糖与过量苯肼作用可以生成糖脎，其生成的速度和晶体形状及熔点等均因糖分子结构不同而异，因此利用糖脎的生成可鉴别不同的糖分子。由于成脎反应主要发生在 C1、C2 上，所以对结构差异仅在 C1、C2 上的单糖分子可生成相同的糖脎，例如：D-葡萄糖、果糖、甘露糖可生成相同的糖脎。

4. 糖的水解反应

（1）双糖的水解：蔗糖可以在酸或酶催化下水解生成葡萄糖和果糖。蔗糖是否已经水解，可用 Benedict 试剂来检查，水解前无还原性，水解后有还原性。

（2）多糖的水解：淀粉为多糖，用稀无机酸（H_2SO_4 或 HCl）催化时，水解生成葡萄糖。淀粉的水解产物可用于碘的颜色反应和还原性检查。水解前淀粉与碘生成紫色配合物，无还原性；水解后生成的葡萄糖遇碘溶液不显色，有还原性。

淀粉还可用唾液淀粉酶催化水解，主要生成麦芽糖和少量葡萄糖。酶催化的速度比稀酸快很多，而且不能加热，因为酶是一种特殊的蛋白质，加热时其结构遭到破坏而失去催化作用。

【实验步骤】

1. 糖的还原性

（1）与 Fehling 试剂的反应。

取 4 支试管均加入 Fehling 甲试剂和 Fehling 乙试剂各 10 滴，混合均匀，再分别加入 2%葡萄糖溶液、2%果糖溶液、2%蔗糖溶液、2%麦芽糖溶液各 5 滴，摇匀，置于沸水浴中加热 10 min，观察颜色的变化。

（2）与 Benedict 试剂的反应。

取 4 支试管分别加入 Benedict 试剂 1 mL，再分别加入 2％葡萄糖溶液、2％果糖溶液、2％蔗糖溶液、2％麦芽糖溶液各 5 滴，摇匀，放在水浴中加热 2～3 min，观察现象。

（3）与 Tollen 试剂的反应。

10 mL Tollen 试剂均分于 4 支干净的试管中，再分别加入 2％葡萄糖溶液、2％果糖溶液、2％蔗糖溶液、2％麦芽糖溶液各 5 滴，摇匀，将试管放在 60 ℃ 的热水浴中加热数分钟，观察现象。

2. 糖的颜色反应

（1）Molisch 反应[1]。

取 3 支试管，分别加入 2％葡萄糖溶液、2％蔗糖溶液、2％淀粉溶液各 10 滴，再各加 3～4 滴 10％ α-萘酚试剂，摇匀。将试管倾斜成 45°，沿管壁慢慢加入浓硫酸 20 滴，使硫酸和糖液之间有明显的分层，观察两层之间的颜色变化。数分钟内若无紫色环出现，可在水浴中温热后再观察变化（切勿振荡）。

（2）淀粉与碘[2]的反应。

取 1 支试管，加入 2％淀粉溶液 1 滴、4 mL 蒸馏水和 1 滴碘，试观察颜色的变化。

3. 蔗糖和淀粉的水解

（1）蔗糖的水解。

取 2 支试管，各加入 2％蔗糖溶液 10 滴，然后向第 1 支试管中加入 3 滴浓 H_2SO_4，第 2 支试管中加入 3 滴蒸馏水，摇匀后将 2 支试管同时放入沸水浴中加热 5～10 min，取出冷却后，分别向 2 支试管中滴加 10％ NaOH 溶液，至溶液无气泡生成为止，将溶液中和至弱碱性（用 pH 试纸检查）。然后向 2 支试管中各加 Benedict 试剂 10 滴，摇匀，再放入沸水中加热 2～3 min，观察现象。

（2）淀粉的水解。

在试管中各加入 2％淀粉溶液 2 mL 和 3 滴浓盐酸，摇匀后放入沸水浴中加热。加热过程中每间隔 5 min 取出 2 滴，滴在点滴板上，用碘试剂检验是否变色，直至淀粉全部水解。用 10％ NaOH 溶液中和至弱碱性（用 pH 试纸检查），然后加入 Benedict 试剂 1 mL，摇匀，再放入沸水中加热 2～3 min，观察现象。

【注释】

[1]Molisch 试剂的配制：将 2.0 g α-萘酚溶于 20 mL 乙醇中，再用乙醇稀释至 100 mL，装于棕色瓶中。一般使用前配制。

[2]碘溶液的配制：把 23 g 碘化钾溶于 100 mL 蒸馏水中，再加入 125 g 碘，搅拌使碘溶解。

【思考题】

1. 蔗糖水解后为什么要用 Na_2CO_3 溶液将溶液中和至弱碱性，再用 Benedict 试剂？

2. 如何用化学方法鉴别还原性糖和非还原性糖？

3. 如何用化学方法鉴别葡萄糖、蔗糖、淀粉？

实验九　氨基酸和蛋白质的性质实验

【实验目的】

(1) 通过实验巩固氨基酸和蛋白质的化学性质。

(2) 学会鉴别氨基酸和蛋白质的方法。

【实验原理】

蛋白质是存在于细胞中的一种含氮的生物高分子化合物,在酸、碱存在下,或受酶的作用,水解成相对分子质量较小的肽,而水解的最终产物为各种氨基酸,其中以 α-氨基酸为主。通过蛋白质的沉淀、颜色反应和分解等性质实验,有助于认识或鉴定氨基酸和蛋白质。

1. 蛋白质的沉淀反应

蛋白质是亲水胶体,当其稳定因素被破坏或与某些试剂结合成不溶性盐类后,即从溶液中沉淀析出。

2. 颜色反应

蛋白质的颜色反应是指蛋白质所含的某些氨基酸及其特殊结构,在一定条件下可与某些试剂生成有色物质的反应。不同蛋白质分子所含的氨基酸残基不完全相同,因此所发生的颜色反应也不完全一样。另外颜色反应并不是蛋白质的专一反应,某些非蛋白质类物质(如含有 CS—NH、CH_2NH_2、CRH—NH_2、CHOH—CH_2NH_2 等基团的物质)也能发生类似的颜色反应。因此,不能仅仅根据颜色反应的结果为阳性就判断被测物质一定是蛋白质。

【实验步骤】

1. 蛋白质的沉淀

(1) 用重金属盐沉淀蛋白质。

取 3 支试管各加入 1 mL 清蛋白溶液[1],分别加入饱和硫酸铜、碱性醋酸铅[2]、氯化汞 2～3 滴(小心有毒),观察有无蛋白质沉淀析出。

(2) 蛋白质的可逆沉淀。

取 2 mL 清蛋白溶液,放在试管里,加入同体积的饱和硫酸铵溶液,混合物稍加振荡,析出蛋白质沉淀使溶液变混浊或呈絮状沉淀。将 1 mL 混浊的液体倾入另一支试管中,加入 1～3 mL 水,振荡时,蛋白质沉淀是否溶解?

(3) 蛋白质与生物碱试剂反应。

取 2 支试管,各加 0.5 mL 蛋白质溶液,并滴加 5% 的乙酸使之呈酸性,然后分别滴加饱和的苦味酸溶液和饱和的鞣酸溶液,观察现象。

2. 氨基酸与蛋白质的颜色反应

(1) 与茚三酮反应。

取 4 支试管分别加入 1% 的甘氨酸、酪氨酸、色氨酸和鸡蛋清溶液各 1 mL,再分别滴加茚三酮试剂 2～3 滴,在沸水浴中加热 10～15 min,观察有什么现象。

NOTE

（2）黄蛋白反应。

在试管中加入 1~2 mL 清蛋白溶液和 1 mL 浓硝酸，此时呈现白色沉淀或混浊。加热煮沸，此时溶液和沉淀是否都呈黄色？有时由于煮沸而析出的沉淀水解，而使沉淀全部或部分溶解，溶液的黄色是否变化？

（3）缩二脲反应。

取 2 支试管分别加入 1‰甘氨酸溶液和鸡蛋清溶液 10 滴，20％氢氧化钠溶液 10 滴，再加 2 滴硫酸铜溶液，混匀后共热，观察现象。

（4）蛋白质与硝酸汞试剂作用。

取 2 mL 清蛋白溶液于试管中，加硝酸汞试剂 2~3 滴，现象如何？小心加热，此时原先析出的白色絮状是否聚集成块状？用酪氨酸重复上述过程。

【注释】

［1］在使用某些重金属盐（如硫酸铜或醋酸铅）沉淀蛋白质时，不可过量，否则将引起沉淀再溶解。

［2］本次实验为定性实验，试剂的量取用滴管完成。

【思考题】

1. 蛋白质的盐析和蛋白质的沉淀有何差别？

2. 怎样区别氨基酸与蛋白质？

综合性性质实验是以学生为主体,充分调动学生的学习积极性,使学生通过对知识的归纳总结和资料的查阅,学会思考问题、分析解决问题,并进一步提高实践能力和探索能力的实践教育。

　　综合性性质实验一般流程如下:①选题。由教师根据所学内容选取不同的化合物分为不同的组别。②查阅和总结资料。学生根据需要鉴别的化合物查阅相关的化学性质、物理常数、鉴别试剂等,初步设计实验方案。③设计方案。根据化合物化学性质的不同,设计鉴别实验方案。了解所用试剂的配制方法、使用方法及用量等。④确定方案。教师根据学生的设计方案和实验室的实际条件提出建议,学生根据建议对实验方案进行修改和完善。⑤实施实验方案。学生进入实验室根据实验方案进行实验,若实验中出现问题通过小组讨论、教师指导等方式解决。教师检查化合物鉴别结果,所有的鉴别结果正确,则完成实验。⑥撰写实验报告。根据实验要求撰写实验报告。实验报告内容包含实验目的,实验原理,实验设计,实验步骤、现象、解释及反应式,结论,讨论。

　　例如:用简单化学方法鉴别乙醛、苯甲醛、丙酮、乙酸乙酯。

(1) 通过实验进一步认识不同有机化合物的化学性质及其差异。

(2) 掌握应用简便化学分析方法鉴别有机未知物的一般方法和操作技巧。

结构特征及特征反应:$CH_3—\overset{\overset{\displaystyle O}{\|}}{C}—H$ ←── 醛的氧化:Tollen 试剂

　　醛、酮能与亲核试剂如苯肼、2,4-二硝基苯肼、羟胺等发生加成反应形成沉淀,常用来鉴别醛、酮与其他类型的化合物,乙醛可与苯肼、2,4-二硝基苯肼形成黄色沉淀。

$$CH_3CHO + PhNHNH_2 \longrightarrow CH_3CH=NNHPh\downarrow + H_2O$$

　　乙醛由于其羰基上连有氢原子,容易被氧化,可与碱性弱氧化剂如 Tollen 试剂和 Fehling 试剂反应;乙醛属于脂肪醛,能与 Fehling 试剂反应。

$$CH_3\overset{\overset{\displaystyle O}{\|}}{C}H + [Ag(NH_3)_2]OH \xrightarrow{50\sim60\,℃} CH_3\overset{\overset{\displaystyle O}{\|}}{C}ONH_4^+ + Ag\downarrow$$

$$CH_3\overset{\overset{\displaystyle O}{\|}}{C}H + Cu^{2+} \xrightarrow{\triangle} CH_3\overset{\overset{\displaystyle O}{\|}}{C}O + Cu_2O\downarrow + H_2O$$

 NOTE

乙醛具有甲基酮结构,能与次碘酸钠发生反应形成黄色沉淀碘仿,可用于鉴别乙醛与其他的醛类。

$$CH_3\overset{\overset{\displaystyle O}{\|}}{C}H + NaOI \longrightarrow HCOONa + CHI_3 \downarrow$$

2. 苯甲醛的性质

结构特征及特征反应:

亲核加成:苯肼、羟胺等

醛的氧化:Tollen 试剂

苯甲醛可与苯肼、2,4-二硝基苯肼形成黄色沉淀。

$$\overset{\overset{\displaystyle O}{\|}}{\underset{\text{(苯环)}}{C}H} + PhNHNH_2 \longrightarrow \underset{\text{(苯环)}}{CH=NNHPh} + H_2O$$

苯甲醛属于芳香醛,只能与 Tollen 试剂反应,不能与 Fehling 试剂反应。

$$\underset{\text{(苯环)}}{\overset{\overset{\displaystyle O}{\|}}{C}H} + [Ag(NH_3)_2]OH \xrightarrow{50\sim60\ ℃} \underset{\text{(苯环)}}{\overset{\overset{\displaystyle O}{\|}}{C}ONH_4^+} + Ag \downarrow$$

3. 丙酮的性质

结构特征及特征反应:

亲核加成:苯肼、羟胺等

$$CH_3\overset{\overset{\displaystyle O}{\|}}{C}CH_3$$

甲基酮的反应:碘仿反应

丙酮可与苯肼、2,4-二硝基苯肼形成黄色沉淀。

$$CH_3\overset{\overset{\displaystyle O}{\|}}{C}CH_3 + PhNHNH_2 \longrightarrow \overset{CH_3}{\underset{CH_3}{C}}=NNHPh \downarrow + H_2O$$

丙酮具有甲基酮结构,能与次碘酸钠发生反应形成黄色沉淀碘仿,可用于鉴别 2-酮与其他的酮类。

$$CH_3\overset{\overset{\displaystyle O}{\|}}{C}CH_3 + NaOI \longrightarrow CH_3COONa + CHI_3 \downarrow$$

4. 乙酸乙酯的性质

结构特征及特征反应:

酯类:异羟肟酸铁反应

$$CH_3\overset{\overset{\displaystyle O}{\|}}{C}OCH_2CH_3$$

水解后可发生碘仿反应

乙酸乙酯结构较稳定,一般不予鉴别。

NOTE

【实验设计】

根据实验原理分析乙醛、苯甲醛、丙酮、乙酸乙酯的结构特点,首先可以利用醛的还原性将醛类鉴别出;再根据 Fehling 试剂能与脂肪醛反应,而不与芳香醛反应进行鉴别;最后利用丙酮能与苯肼反应,而乙酸乙酯不能与苯肼反应进行鉴别。

$$
\begin{array}{c}
\left.\begin{array}{l}
\text{乙醛} \\
\text{苯甲醛} \\
\text{丙酮} \\
\text{乙酸乙酯}
\end{array}\right\}
\xrightarrow[\text{氨溶液}]{AgNO_3}
\left.\begin{array}{l}
Ag\downarrow\text{沉淀} \\
Ag\downarrow\text{沉淀} \\
\text{无明显现象} \\
\text{无明显现象}
\end{array}\right\}
\begin{array}{l}
\xrightarrow{\text{Fehling 试剂}}\text{砖红色沉淀} \\
\text{无明显现象} \\
\xrightarrow{\text{苯肼试剂}}\text{黄色沉淀} \\
\text{无明显现象}
\end{array}
\end{array}
$$

【实验步骤、现象、解释及反应式】

假设四个化合物的编号分别为 A、B、C、D。

1. 醛的鉴别(Tollen 试剂)

(1)实验步骤。

将制得的 Tollen 试剂[1]分别置于 4 支清洁的试管中,分别滴入 5 滴 A、B、C、D 样品溶液,摇匀。将 4 支试管置于 50～60 ℃水浴中加热,数分钟后,观察现象。

(2)现象。

若 B、C 出现银单质沉淀,说明 B、C 为乙醛和苯甲醛。

(3)解释及反应式。

$$
CH_3\overset{O}{\overset{\|}{C}}H + [Ag(NH_3)_2]OH \xrightarrow{50\sim60\ ℃} CH_3\overset{O}{\overset{\|}{C}}ONH_4^+ + Ag\downarrow
$$

$$
\underset{\text{(苯基)}}{\overset{O}{\overset{\|}{C}}H} + [Ag(NH_3)_2]OH \xrightarrow{50\sim60\ ℃} \underset{\text{(苯基)}}{\overset{O}{\overset{\|}{C}}ONH_4^+} + Ag\downarrow
$$

2. 乙醛和苯甲醛的鉴别(Fehling 试剂)

(1)实验步骤。

取 2 支试管,分别加入 Fehling 甲试剂和 Fehling 乙试剂[2]各 10 滴,混合均匀后分别加入 B、C 样品各 5 滴,振荡,置于沸水浴中加热 20 min,观察颜色的变化。

(2)现象。

若 B 有砖红色沉淀生成,C 无砖红色沉淀生成,说明 B 为乙醛、C 为苯甲醛。

(3)解释及反应式。

$$
CH_3\overset{O}{\overset{\|}{C}}H + Cu^{2+} \xrightarrow{\triangle} CH_3COO^- + Cu_2O\downarrow + H_2O
$$

3. 丙酮和乙酸乙酯的鉴别(苯肼试剂)

(1)实验步骤。

取 2 支试管分别加入 1～2 滴 A、D,然后向各试管中滴加 10 滴苯肼试剂[3],边滴加边振荡,观察有无沉淀析出。

(2)现象。

若 A 有黄色沉淀生成,D 无黄色沉淀生成,说明 A 为丙酮、D 为乙酸乙酯。

NOTE

（3）解释及反应式。

$$CH_3\overset{\overset{\displaystyle O}{\|}}{C}CH_3 + PhNHNH_2 \longrightarrow \overset{CH_3}{\underset{CH_3}{}}C{=}NNHPh \downarrow + H_2O$$

【结论】

A 为丙酮　　 B 为乙醛　　 C 为苯甲醛　　 D 为乙酸乙酯

【注释】

[1]取一支干净试管,加入 1 mL 5%硝酸银溶液,滴加 5%氢氧化钠溶液 1 滴,产生沉淀,然后滴加 5%氨水,边滴加边振摇试管,滴到沉淀刚好溶解为止,得澄清的 Tollen 试剂。

[2]Fehling 试剂甲:将 3.5 g $CuSO_4 \cdot 5H_2O$ 溶于 100 mL 的水中即得淡蓝色的 Fehling 试剂甲。Fehling 试剂乙:将 17 g 含 5 个结晶水的酒石酸钾钠溶于 20 mL 热水中,然后加入含有 5 g 氢氧化钠的水溶液 20 mL,稀释至 100 mL 即得无色澄清的 Fehling 试剂乙。

[3]将 5 g 盐酸苯肼溶于 100 mL 水中,必要时可加微热助溶,如果溶液呈深色,加活性炭共热,过滤后加 9 g 醋酸钠晶体或用相同量的无水醋酸钠,搅拌使之溶解,储存于棕色瓶中。

【思考题】

1. 设计鉴别葡萄糖、果糖、蔗糖、淀粉的综合性性质实验。

2. 设计鉴别乙醇、甲醛、苯酚、丙酮的综合性性质实验。

3. 设计鉴别苯酚、乙醇、苄氯、叔丁醇、乙酸的综合性性质实验。

（蔡　东　胡英婕）

·附　录·

附录 A　常见元素的相对原子质量

附表 A-1　常见元素的相对原子质量

序数	符号	名称	英文名	相对原子质量	序数	符号	名称	英文名	相对原子质量
1	H	氢	Hydrogen	1.0079	30	Zn	锌	Zinc	65.3900
2	He	氦	Helium	4.0026	31	Ga	镓	Gallium	69.7230
3	Li	锂	Lithium	6.9410	32	Ge	锗	Germanium	72.6400
4	Be	铍	Beryllium	9.0121	33	As	砷	Arsenic	74.9216
5	B	硼	Boron	10.8110	34	Se	硒	Selenium	78.9600
6	C	碳	Carbon	12.0110	35	Br	溴	Bromine	79.9040
7	N	氮	Nitrogen	14.0067	36	Kr	氪	Krypton	83.8000
8	O	氧	Oxygen	15.9994	37	Rb	铷	Rubidium	85.4678
9	F	氟	Fluorine	18.9984	38	Sr	锶	Strontium	87.6200
10	Ne	氖	Neon	20.1797	39	Y	钇	Yttrium	88.90585
11	Na	钠	Sodium	22.9898	40	Zr	锆	Zirconium	91.2240
12	Mg	镁	Magnesium	24.305	41	Nb	铌	Niobium	92.9064
13	Al	铝	Aluminum	26.9815	42	Mo	钼	Molybdenum	95.9400
14	Si	硅	Silicon	28.0855	43	Tc	锝	Technetium	97.9072
15	P	磷	Phosphorus	30.9737	44	Ru	钌	Ruthenium	101.0700
16	S	硫	Sulfur	32.0660	45	Rh	铑	Rhodium	102.9055
17	Cl	氯	Chlorine	35.4527	46	Pd	钯	Palladium	106.4200
18	Ar	氩	Argon	39.9480	47	Ag	银	Silver	107.8682
19	K	钾	Potassium	39.0983	48	Cd	镉	Cadmium	112.4110
20	Ca	钙	Calcium	40.0780	49	In	铟	Indium	114.8200
21	Sc	钪	Scandium	44.9559	50	Sn	锡	Tin	118.7100
22	Ti	钛	Titanium	47.8670	51	Sb	锑	Antimony	121.7600
23	V	钒	Vanadium	50.9415	52	Te	碲	Tellurium	127.6000
24	Cr	铬	Chromium	51.9961	53	I	碘	Iodine	126.9045
25	Mn	锰	Manganese	54.9380	54	Xe	氙	Xenon	131.2900
26	Fe	铁	Iron	55.8450	55	Cs	铯	Cesium	132.9054
27	Co	钴	Cobalt	58.9332	56	Ba	钡	Barium	137.3270
28	Ni	镍	Nickel	58.6900	57	La	镧	Lanthamum	138.9055
29	Cu	铜	Copper	63.5460	58	Ce	铈	Cerium	140.1160

续表

序数	符号	名称	英文名	相对原子质量	序数	符号	名称	英文名	相对原子质量
59	Pr	镨	Praseodymium	140.9076	75	Re	铼	Rhenium	186.2070
60	Nd	钕	Neodymium	144.2400	76	Os	锇	Osmium	190.2000
61	Pm	钷	Promethium	144.9127	77	Ir	铱	Iridium	192.2200
62	Sm	钐	Samarium	150.3600	78	Pt	铂	Platinum	195.0800
63	Eu	铕	Europium	151.9640	79	Au	金	Gold	196.9665
64	Gd	钆	Gadolinium	157.2500	80	Hg	汞	Mercury	200.5900
65	Tb	铽	Terbium	158.9253	81	Tl	铊	Thallium	204.3833
66	Dy	镝	Dysprosium	162.5000	82	Pb	铅	Lead	207.2000
70	Yb	镱	Ytterbium	173.0400	83	Bi	铋	Bismuth	208.9804
74	W	钨	Tungsten	183.8400	88	Ra	镭	Radium	226.0254

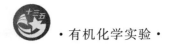

附录 B　常见试剂配制方法

1. 氯化亚铜氨溶液

将 1 g 氯化亚铜放入试管中,再加入 1～2 mL 浓氨水和 10 mL 水,用力振摇试管后静置片刻。将溶液倒出并放入 1 块铜片或 1 根铜丝储存备用。

应用:鉴别具有端位氢的炔烃。

2. 银氨溶液和托伦(Tollen)试剂

Ⅰ.银氨溶液:取 0.5 mL 10％硝酸银溶液于试管中,滴加氨水,开始出现黑色沉淀,再继续滴加氨水,边滴加边振摇试管,直至沉淀刚好溶解为止,得澄清的银氨溶液。

应用:鉴别具有端位氢的炔烃。

Ⅱ.托伦试剂:取一支干净试管,加入 1 mL 5％硝酸银溶液,滴加 5％氢氧化钠溶液 1 滴,产生沉淀,然后滴加 5％氨水,边滴加边振摇试管,直至沉淀刚好溶解为止,得澄清的托伦试剂。

应用:鉴别醛、单糖、还原性聚糖。

注释:Ⅰ或Ⅱ试剂均需临时配制,氨的量不宜过多,否则会影响试剂的灵敏度。Ⅰ法配制的银氨溶液较Ⅱ法的碱性弱,在进行糖类实验时,也可用Ⅰ法配制的试剂。

3. 卢卡斯(Lucas)试剂

将 34 g 无水氯化锌在蒸发皿中加热熔融,稍冷后放在干燥器中冷至室温。取出捣碎,溶于 23 mL 浓盐酸中(相对密度 1.187)。配制时须加以搅动,并将容器放在冰水浴中冷却,以防氯化氢逸出。此试剂一般是临用时配制。

应用:鉴别伯、仲、叔醇。

4. 2,4-二硝基苯肼溶液

Ⅰ.在 15 mL 浓硫酸中,溶解 3 g 2,4-二硝基苯肼。另在 70 mL 95％乙醇里加 20 mL 水,然后把硫酸苯肼倒入稀乙醇溶液中,搅动混合均匀即成橙红色溶液(若有沉淀应过滤)。

Ⅱ.将 1.2 g 2,4-二硝基苯肼溶于 50 mL 30％高氯酸中,配好后储于棕色瓶中,不易变质。

Ⅰ法配制的试剂,2,4-二硝基苯肼浓度较大,反应时沉淀多便于观察。Ⅱ法配制的试剂由于高氯酸盐在水中溶解度很大,因此便于检验水中醛且较稳定,长期储存不易变质。

应用:鉴别含有羰基的化合物。

5. 苯肼溶液

将 5 g 盐酸苯肼溶于 100 mL 水中,必要时可微热助溶,如果溶液呈深色,加活性炭共热,过滤后加 9 g 醋酸钠晶体或用相同量的无水醋酸钠,搅拌使之溶解,储存于棕色瓶中。

应用:鉴别羰基化合物或糖类的成腙反应(注意控制醋酸钠的量)。

6. 饱和亚硫酸氢钠

先配制 40% 亚硫酸氢钠水溶液,然后在每 100 mL 的 40% 亚硫酸氢钠水溶液中,加不含醛的无水乙醇 25 mL,溶液呈透明澄清状态。

由于亚硫酸氢钠久置后易失去二氧化硫而变质,所以上述溶液也可按下法配制:将研细的碳酸钠晶体($Na_2CO_3 \cdot 10H_2O$)与水混合,水的用量使粉末上只覆盖一薄层水为宜,然后在混合物中通入二氧化硫气体至碳酸钠近乎完全溶解,或将二氧化硫通入 1 份碳酸钠与 3 份水的混合物中至碳酸钠全部溶解为止。配制好后密封放置,但不可放置太久,最好是用时新配。

应用:鉴别醛、脂肪族甲基酮、8 个碳原子以内的环酮。

7. 费林(Fehling)试剂

费林试剂由费林试剂甲和费林试剂乙组成,使用时将两者等体积混合,其配法分别如下。

费林试剂甲:将 3.5 g 含有五水合硫酸铜溶于 100 mL 的水中即得淡蓝色的费林试剂甲。

费林试剂乙:将 17 g 无水酒石酸钾钠溶于 20 mL 热水中,然后加入含有 5 g 氢氧化钠的水溶液 20 mL,稀释至 100 mL 即得无色澄清的费林试剂乙。

应用:鉴别醛、单糖、还原性聚糖。

8. 本尼迪克特(Benedict)试剂

把 4.3 g 研细的硫酸铜溶于 25 mL 热水中,待冷却后用水稀释至 40 mL。另把 43 g 柠檬酸钠及 25 g 无水碳酸钠(若用有结晶水的碳酸钠,则取量应按比例计算)溶于 150 mL 水中,加热溶解,待溶液冷却后,再加入上面所配的硫酸铜溶液,加水稀释至 250 mL,将试剂储存于试剂瓶中,瓶口用橡皮塞塞紧。本尼迪克特试剂是费林试剂的改良试剂,可存放备用,避免费林试剂需临时混合的缺点。

应用:鉴别醛、单糖、还原性聚糖。

9. 席夫(Schiff)试剂

Ⅰ.在 100 mL 热水中溶解 0.2 g 品红盐酸盐,放置冷却后,加入 2 g 亚硫酸氢钠和 2 mL 浓盐酸,再用蒸馏水稀释至 200 mL。

Ⅱ.先配制 10 mL 二氧化硫的饱和水溶液,冷却后加入 0.2 g 品红盐酸盐,溶解后放置数小时使溶液变成无色或淡黄色,用蒸馏水稀释至 200 mL。

Ⅲ.将 0.5 g 品红盐酸盐溶于 100 mL 热水中,冷却后通入二氧化硫气体至粉红色消失,加入 0.5 g 活性炭,振荡过滤,再用蒸馏水稀释至 500 mL。

本试剂所用的品红是假洋红(pararosaniline 或 parafuchsin),此物与洋红(rosaniline 或 fuchsin)不同。席夫试剂应密封储存在暗冷处,倘若受热或见光,或露置空气中过久,试剂中的二氧化硫易失,结果又显桃红色。遇此情况,应再通入二氧化硫,使颜色消失后使用。但应指出,试剂中过量的二氧化硫越少,反应就越灵敏。

应用:鉴别醛;由于甲醛显色后加入硫酸不会褪色,而其他的醛会褪色,也可用来鉴别甲醛和其他的醛。

10. 莫利希(Molisch)试剂

将 α-萘酚 2 g 溶于 20 mL 95% 乙醇中,用 95% 乙醇稀释至 100 mL,储存于棕色瓶中,需使用前配制。

应用:鉴别糖、苷类。

11. 希里瓦诺夫(Seliwanoff)试剂

将 0.05 g 间苯二酚溶于 50 mL 浓盐酸中,再用蒸馏水稀释至 100 mL。

应用:鉴别酮糖和醛糖。

12. 碘溶液

Ⅰ.将 20 g 碘化钾溶于 100 mL 蒸馏水中,然后加入 10 g 研细的碘粉,搅动使其全溶,溶液呈深红色。

Ⅱ.将 1 g 碘化钾溶于 100 mL 蒸馏水中,然后加入 0.5 g 碘,加热溶解即得红色澄清溶液。

Ⅲ.将 2.6 g 碘溶于 50 mL 95％乙醇中,另把 3 g 氯化汞溶于 50 mL 95％乙醇中,两者混合,滤去不溶物,使用澄清溶液。

应用:鉴别淀粉与其他糖类。

13. 0.1％水合茚三酮溶液

将 0.1 g 茚三酮溶于 124.9 mL 95％乙醇中即得。

应用:鉴别 α-氨基酸。

14. 碘化汞钾溶液

将 5％碘化钾水溶液慢慢加入 2％氯化汞(或硝酸汞)水溶液中,直至产生的红色沉淀刚好溶解为止。

应用:检验铵根离子。

15. 高碘酸-硝酸银试剂

将 2 mL 浓硝酸和 2 mL 10％硝酸银溶液混合后,再加入 25 mL 2％高碘酸钾溶液,混合均匀后,若有沉淀需过滤取透明溶液使用。

应用:鉴别邻二醇,也可根据其消耗量判断糖中邻二羟基的数目。

16. 锆-茜素溶液

将 10 mL 2％硝酸锆溶于 5％盐酸溶液中,再加入 10 mL 1％茜素乙醇溶液,混合均匀后将溶液稀释至 30 mL(其中的硝酸锆可用氯氧化锆替代)。

应用:鉴别含氟的化合物。

17. 饱和溴水

溶解 15 g 溴化钾于 100 mL 水中,加入 10 g 溴,振摇溶解即可。

18. 淀粉碘化钾试纸

取 3 g 可溶性淀粉,加入 25 mL 水,搅匀,倒入 225 mL 沸水中,再加入 1 g 碘化钾及 1 g 结晶硫酸钠,用水稀释至 500 mL,将滤纸片(条)浸渍,取出晾干,密封备用。

19. β-萘酚碱溶液

取 4 g β-萘酚,溶于 40 mL 5％氢氧化钠溶液中。

20. 1％淀粉溶液

将 1 g 可溶性淀粉溶于 5 mL 蒸馏水中,用力搅拌成稀浆状,倒入 94 mL 沸水中,可得近乎透明的胶状液体,放冷备用。

21. 次溴酸钠溶液

取 2 滴溴,滴加 5%氢氧化钠溶液至溴溶液的红棕色褪去呈淡蓝色即可。

22. 刚果红试纸

取 2 g 刚果红溶于 1 L 蒸馏水中,将滤纸浸入溶液中,晾干即得。

其变色范围为 pH 3.5～5.2,一般为红色,与酸液接触到变色范围时变为蓝色。

附录 C　常见有机溶剂的物理常数

附表 C-1　常见有机溶剂的物理常数

溶剂	相对分子质量	相对密度	熔点/℃	沸点/℃	折射率	水中溶解度
甲醇 methanol	32.04	0.7914	−97.8	64.9	1.3288	∞
乙醇 ethanol	46.07	0.7893	−114.1	78.5	1.3614	∞
乙醚 ethyl ether	74.12	0.7135	−116.2	34.6	1.3526	7.5[20]
丙酮 acetone	58.08	0.7898	−94.6	56.5	1.3590	∞
乙酸 acetic acid	60.05	1.049	16.7	117.9	1.3718	∞
乙酸乙酯 ethyl acetate	88.12	0.9005	−83.6	77.1	1.3723	8.5[15]
二甲基亚砜 dimethyl sulfoxide,DMSO	78.13	1.1	18.5	189.0	1.4783	∞
N,N-二甲基甲酰胺 N,N-dimethylformamide	73.09	0.9487	−61.0	153.0	1.4304	∞
四氢呋喃 tetrahydrofuran	72.11	0.89	−108.5	66.0	1.4050	∞
1,4 二氧六环 1,4-dioxane	88.11	1.0329	11.0	101.1	1.4175	∞
己烷 hexane	86.18	0.6603	−95	68.9	1.3751	不溶
乙腈 acetonitrile	41.05	0.7857	−45.72	81.6	1.3442	∞
二氯甲烷 dichloromethane	84.93	1.325	−97.0	39.7	1.4213	1.7[25]
氯仿 chloroform	119.38	1.484	−63.5	61.2	1.4476	0.8[20]
四氯化碳 carbon tetrachloride	153.84	1.595	−22.9	76.8	1.4590	0.08[25]
二硫化碳 carbon disulfide	76.14	1.26	−111.9	46.5	1.6276	0.21[20]
苯 benzene	78.11	0.879	5.5	80.1	1.5011	0.18[15]
甲苯 toluene	92.14	0.866	−94.9	110.6	1.4967	0.05[20]
硝基苯 nitrobenzene	123.11	1.2037	5.7	210.9	1.5530	0.19[20]
正丁醇 n-butanol	74.12	0.8098	−89.5	117.7	1.3993	7.3[25]
正丁醚 n-butyl ether	130.23	0.7689	−98.0	142.0	1.3992	0.03[20]
乙二醇 ethanediol	62.07	1.1132	−13.0	197.2	1.4306	∞
吡啶 pyridine	79.10	0.9819	−41.6	115.2	1.5067	∞
三乙胺 triethylamine	101.19	0.728	−114.8	89.5	1.4010	∞

注:溶解度中,∞表示与水互溶,7.5[20]表示 20 ℃时,100 g 水中能溶解 7.5 g 溶质。

附录 D 水的饱和蒸气压

附表 D-1 水的饱和蒸气压

温度/℃	蒸气压/kPa	温度/℃	蒸气压/kPa	温度/℃	蒸气压/kPa	温度/℃	蒸气压/kPa	温度/℃	蒸气压/kPa
0	0.61	21	2.486	42	8.199	63	22.851	84	55.568
1	0.657	22	2.646	43	8.639	64	23.904	85	57.808
2	0.705	23	2.809	44	9.100	65	24.997	86	60.114
3	0.758	24	2.984	45	9.583	66	26.144	87	62.220
4	0.813	25	3.168	46	10.086	67	27.331	88	64.940
5	0.871	26	3.361	47	10.612	68	28.557	89	67.473
6	0.934	27	3.565	48	11.160	69	29.824	90	70.099
7	1.001	28	3.780	49	11.735	70	31.157	91	72.806
8	1.073	29	4.005	50	12.333	71	32.517	92	75.592
9	1.147	30	4.242	51	12.959	72	33.943	93	78.472
10	1.228	31	4.493	52	13.612	73	35.432	94	81.445
11	1.312	32	4.754	53	14.292	74	36.956	95	84.511
12	1.403	33	5.030	54	14.999	75	38.543	96	87.671
13	1.497	34	5.319	55	15.732	76	40.183	97	90.938
14	1.599	35	5.623	56	16.505	77	41.876	98	94.297
15	1.705	36	5.941	57	17.305	78	43.636	99	97.750
16	1.817	37	6.257	58	18.145	79	45.462	100	101.325
17	1.937	38	6.619	59	19.011	80	47.342		
18	2.064	39	6.991	60	19.910	81	49.288		
19	2.197	40	7.375	61	20.851	82	51.315		
20	2.338	41	7.778	62	21.838	83	53.408		

附录 E　常见共沸物

共沸物又称恒沸物,是指两组分或多组分的液体混合物在恒定压力下沸腾时,其组分与沸点均保持不变。这表明,此时沸腾产生的蒸气与液体本身有着完全相同的组成。共沸物是不可能通过常规的蒸馏或分馏手段加以分离的。并非所有的二元液体混合物都可形成共沸物,下列表格列出了一些常用的共沸物组成及其沸点。这类混合物的温度-组分相图有着显著的特征,即其气相线(气液混合物和气态的交界)与液相线(液态和气液混合物的交界)有着共同的最高点或最低点。如此点为最高点,则称为正共沸物;如此点为最低点,则称为负共沸物。大多数共沸物都是负共沸物,即有最低沸点。值得注意的是,任一共沸物都是针对某一特定外压而言,对于不同压力,其共沸组分和沸点都将有所不同。实践证明,沸点相差大于 30 ℃ 的两个组分很难形成共(恒)沸物(如水与丙酮就不会形成共沸物)。

附表 E-1　与水形成的二元共沸物(水沸点 100 ℃)

溶剂	沸点/℃	共沸点/℃	含水量/(%)	溶剂	沸点/℃	共沸点/℃	含水量/(%)
氯仿	61.2	56.1	2.5	甲苯	110.6	85.0	20
四氯化碳	76.8	66.0	4.0	正丙醇	97.2	87.7	28.8
苯	80.1	69.2	8.8	异丁醇	108.4	89.9	88.2
丙烯腈	78.0	70.0	13.0	二甲苯	137.0~140.5	92.0	37.5
二氯乙烷	83.7	72.0	19.5	正丁醇	117.7	92.2	37.5
乙腈	82.0	76.0	16.0	吡啶	115.2	94.0	42
乙醇	78.5	78.1	4.4	异戊醇	131.0	95.1	49.6
乙酸乙酯	77.1	70.4	8.0	正戊醇	138.3	95.4	44.7
异丙醇	82.4	80.4	12.1	氯乙醇	129.0	97.8	59.0
乙醚	34.6	34.0	1.0	二硫化碳	46.5	44.0	2.0
甲酸	101.0	107.0	26.0				

附表 E-2　常见有机溶剂间的共沸混合物

共沸混合物	组分的沸点/℃	共沸物的组成(质量)/(%)	共沸物的沸点/℃
乙醇-乙酸乙酯	78.5,77.1	30∶70	72.0
乙醇-苯	78.5,80.1	32∶68	68.2
乙醇-氯仿	78.5,61.2	7∶93	59.4
乙醇-四氯化碳	78.5,76.8	16∶84	64.9
乙酸乙酯-四氯化碳	77.1,76.8	43∶57	75.0
甲醇-四氯化碳	64.9,76.8	21∶79	55.7

194

续表

共沸混合物	组分的沸点/℃	共沸物的组成(质量)/(%)	共沸物的沸点/℃
甲醇-苯	64.9,80.1	39:61	48.3
氯仿-丙酮	61.2,56.5	80:20	64.7
甲苯-乙酸	110.6,117.9	72:28	105.4
乙醇-苯-水	78.5,80.1,100.0	19:74:7	64.9

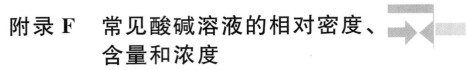

附录 F 常见酸碱溶液的相对密度、含量和浓度

附表 F-1　常见酸溶液的相对密度、含量和浓度

相对密度 (15 ℃)	HCl		HNO₃		H₂SO₄	
	$w/(\%)$	$c/(\text{mol/L})$	$w/(\%)$	$c/(\text{mol/L})$	$w/(\%)$	$c/(\text{mol/L})$
1.02	4.13	1.15	3.70	0.6	3.1	0.3
1.04	8.16	2.3	7.26	1.2	6.1	0.6
1.05	10.2	2.9	9.0	1.5	7.4	0.8
1.06	12.2	3.5	10.7	1.8	8.8	1.0
1.08	16.2	4.8	13.9	2.4	11.6	1.3
1.10	20.0	6.0	17.1	3.0	14.4	1.6
1.12	23.8	7.3	20.2	3.6	17.0	1.9
1.14	27.7	8.7	23.3	4.2	19.9	2.3
1.15	29.6	9.3	24.8	4.5	20.9	2.5
1.19	37.2	12.1	30.9	5.8	26.0	3.2
1.20			32.3	6.2	27.3	3.3
1.25			39.8	7.9	33.4	4.3
1.30			47.5	9.8	39.2	5.2
1.35			55.8	12.0	44.8	6.2
1.40			65.3	14.5	50.1	7.2
1.42			69.8	15.7	52.2	7.6
1.45					55.0	8.1
1.50					59.8	9.2
1.55					64.3	10.2
1.60					68.7	11.2
1.65					73.0	12.3
1.70					77.2	13.4
1.84					95.6	18.0

附表 F-2 常见碱溶液的相对密度、含量和浓度

相对密度 (15 ℃)	NH$_3$ · H$_2$O		NaOH		KOH	
	w/(%)	c/(mol/L)	w/(%)	c/(mol/L)	w/(%)	c/(mol/L)
0.88	35.0	18.0				
0.90	28.3	15				
0.91	25.0	13.4				
0.92	21.8	11.8				
0.94	15.6	8.6				
0.96	9.9	5.6				
0.98	4.8	2.8				
1.05			4.5	1.18	5.5	1.0
1.10			9.0	2.5	10.9	2.1
1.15			13.5	3.9	16.1	3.3
1.20			18.0	5.4	21.2	4.5
1.25			22.5	7.0	26.1	5.8
1.30			27.0	8.8	30.9	7.2
1.35			31.8	10.7	35.5	8.6

附录 G　常见有机化合物的危险特性

1. 乙酸乙酯

物理性质:无色透明液体,沸点为 77.1 ℃,闪点为－4 ℃,爆炸极限为 2.2%～11.2%。

危险特性:易燃,其蒸气与空气可形成爆炸性混合物。遇明火、高热能引起燃烧爆炸。与氧化剂接触会猛烈反应。在火场中,受热的容器有爆炸危险。其蒸气比空气重,能在较低处扩散到相当远的地方,遇明火会着火回燃。

健康影响:乙酸乙酯属低毒类。浓度高时,有刺激性。蒸气可能引起困倦和眩晕。长期接触可能引起皮肤干裂。

2. 乙醇

物理性质:能与水等溶剂混溶,沸点为 78.5 ℃,闪点为 13 ℃。

危险特性:易燃,其蒸气与空气可形成爆炸性混合物,遇明火、高热能引起燃烧爆炸。与氧化剂接触发生化学反应或引起燃烧。在火场中,受热的容器有爆炸危险。其蒸气比空气重,能在较低处扩散到相当远的地方,遇火源会着火回燃。

健康影响:乙醇低毒。急性中毒多发生于口服,可出现意识丧失、休克、心力衰竭及呼吸停止。在生产中长期接触高浓度本品可引起鼻、眼、黏膜刺激症状,以及头痛、头晕、疲乏、易激动、震颤、恶心等。

3. 甲醇

物理性质:能与水互溶,沸点为 64.9 ℃,闪点为 12 ℃,爆炸极限为 6%～36.5%。

危险特性:易燃,与空气混合能形成爆炸性混合物。

健康影响:工业酒精中大约含有 4% 的甲醇,若被不法分子当作食用酒精制作假酒,饮用后会产生甲醇中毒,甲醇的致命剂量约为 70 mL。含有甲醇的酒可致失明、肝病。短时大量吸入甲醇蒸气,会出现轻度眼、上呼吸道刺激症状,经一段时间潜伏期后出现头痛、头晕、乏力、眩晕、酒醉感、谵妄,甚至昏迷;还会导致视神经及视网膜病变,可发生视物模糊、复视等,重者失明。

4. 乙醚

物理性质:沸点为 34.6 ℃,闪点为－45 ℃,自燃点为 180 ℃,微溶于水,爆炸极限为 1.9%～36%。

危险特性:极易挥发。在空气的作用下乙醚能氧化成过氧化物,暴露于光线下能促进其氧化。当乙醚中含有过氧化物时,蒸馏后所残留的过氧化物加热到 100 ℃ 以上时能引起强烈爆炸;与无水硝酸、浓硫酸和浓硝酸的混合物反应也会发生猛烈爆炸。乙醚蒸气能与空气形成爆炸性混合物。

健康影响:大量接触后,早期出现兴奋,继而嗜睡、呕吐、面色苍白、脉缓、体温下降和呼吸不规则而有生命危险。液体或高浓度蒸气对眼有刺激性。长期低浓度吸入,会导致头痛、头晕、疲倦、嗜睡、蛋白尿、红细胞增多症。皮肤长期接触会引起皲裂。

5．丙酮

物理性质:无色透明液体,有特殊的辛辣气味,沸点为 56.5 ℃,爆炸极限为 2.5％～12.8％。

危险特性:高度易燃性,其蒸气与空气可形成爆炸性混合物,遇明火、高热极易燃烧爆炸。与氧化剂能发生强烈反应。其蒸气比空气重,能在较低处扩散到相当远的地方,遇火源会着火回燃。

健康影响:急性中毒主要表现为对中枢神经系统的麻醉作用,出现乏力、恶心、头痛、头晕、易激动等。重者发生呕吐、气急、痉挛,甚至昏迷。对眼、鼻、喉有刺激性。误服后,先是口唇、咽喉有烧灼感,后出现口干、呕吐、昏迷、酸中毒和酮症。长期接触会导致眩晕、灼烧感、咽炎、支气管炎、乏力、易激动等。皮肤长期反复接触可致皮炎。

6．二硫化碳

物理性质:无色易挥发、易燃液体。不溶于水,沸点为 46.5 ℃,爆炸极限为 1％～60％。

危险特性:极易燃,蒸气即使接触亮着的普通灯泡也可点燃。蒸气能与空气形成爆炸性混合物。与铝、锌、钾、氯等反应剧烈,有引起着火、爆炸的危险。易产生和积聚静电。属于易燃、易爆、易挥发性液体。

健康危害:二硫化碳是损害神经和血管的毒物。急性中毒:轻度中毒有头晕、头痛、眼及鼻黏膜刺激症状;中度中毒尚有酒醉表现;重度中毒可呈短时间的兴奋状态,继之出现昏迷、意识丧失,伴有强直性及阵挛性抽搐,可因呼吸中枢麻痹而死亡。严重中毒后可遗留神经衰弱综合征,中枢和周围神经永久性损害。

7．苯

物理性质:无色易挥发性液体,不溶于水。沸点为 80.1 ℃,爆炸极限为 1.3％～7.1％。

危险特性:易挥发,易形成爆炸性混合物,与氧化剂接触反应剧烈,易产生和积聚静电。储存于阴凉通风处,温度不超过 30 ℃,与氧化剂分开存放。

健康危害:苯的挥发性大,暴露于空气中很容易扩散。人和动物吸入或皮肤接触大量苯,会引起急性和慢性苯中毒。长期吸入会侵害人的神经系统,急性中毒会产生神经痉挛甚至昏迷、死亡。

8．氯仿

物理性质:无色透明液体,有特殊气味,沸点为 61.2 ℃。

危险特性:易挥发。纯品对光敏感,遇光照会与空气中的氧作用,逐渐分解而生成剧毒的光气(碳酰氯)和氯化氢。因此,氯仿常含 0.6％～1％的乙醇作稳定剂。

健康危害:主要作用于中枢神经系统,具有麻醉作用,对心、肝、肾有损害。急性中毒:吸入或经皮肤吸收引起急性中毒,初期有头痛、头晕、恶心、呕吐、兴奋、皮肤湿热和黏膜刺激症状,以后呈现精神紊乱、呼吸表浅、反射消失、昏迷等,重者发生呼吸麻痹、心室纤维性颤动。同时可伴有肝、肾损害。误服中毒时,胃有烧灼感,伴有恶心、呕吐、腹痛、腹泻,以后出现麻醉症状。液态可致皮炎、湿疹,甚至皮肤灼伤。长期接触会引起肝脏损害,并出现消化不良、乏力、头痛、失眠等症状,少数会出现肾损害及嗜氯仿癖。

9．石油醚

物理性质：无色透明液体，有煤油气味，主要是戊烷和己烷的混合物。

危险特性：该品极度易燃。其蒸气与空气可形成爆炸性混合物，遇明火、高热能引起燃烧爆炸。

健康影响：其蒸气对眼睛、黏膜和呼吸道有刺激性。中毒表现可出现烧灼感、咳嗽、喘息、喉炎、气短、头痛、恶心和呕吐。该品在人体内有蓄积性，为神经性毒剂，可引起周围神经炎。对皮肤有强烈刺激性。

10．四氢呋喃

物理性质：无色、有特殊臭味的液体，可与水混溶。沸点为 66.0 ℃，爆炸极限为 1.8%～11.8%。

危险特性：其蒸气与空气可形成爆炸性混合物，遇高热、明火及强氧化剂易引起燃烧。该物质接触空气或在光照条件下可生成具有潜在爆炸危险性的过氧化物，与酸类接触能发生反应。其蒸气比空气重，能在较低处扩散到相当远的地方，遇火源会着火回燃。

健康影响：高浓度吸入后可出现头晕、头痛、胸闷、胸痛、咳嗽、乏力、胃痛、口干、恶心、呕吐等症状，可伴有眼刺激症状，部分患者可发生肝功能障碍。高剂量或反复接触时，可出现肝脂肪浸润及细胞溶解。长期接触会导致失去性功能、生育能力，或出现肾疾病。

11．吡啶

物理性质：无色、有特殊臭味的液体，与水互溶。沸点为 115.2 ℃，爆炸极限为 1.7%～12.4%。

危险特性：易燃，具有强烈刺激性。其蒸气与空气可形成爆炸性混合物，遇明火、高热极易燃烧爆炸，与氧化剂接触猛烈反应。高温时分解，释放出剧毒的氮氧化物气体，与硫酸、硝酸、铬酸、发烟硫酸、氯磺酸、顺丁烯二酸酐、高氯酸银等剧烈反应，有爆炸危险。

健康影响：有强烈刺激性；能麻醉中枢神经系统；对眼及上呼吸道有刺激作用。高浓度吸入后，轻者有欣快或窒息感，继而出现抑郁、肌无力、呕吐；重者出现意识丧失、大小便失禁、强直性痉挛、血压下降。误服可致死；长期吸入出现头晕、头痛、失眠、步态不稳及消化道功能紊乱。可损伤肝肾和引起皮炎。

附录 H　常用有机溶剂的纯化

在有机合成中,常根据反应的特点和要求选用不同规格的溶剂。例如,在格氏试剂、有机锂试剂的使用过程中需要使用绝对无水溶剂,微量水分和杂质的存在都会影响反应的正常进行。实验室常用溶剂有化学纯、分析纯、优级纯,无水溶剂也可直接买到,但溶剂级别越高价格越高。由于有机溶剂使用量较大,高纯试剂市售产品价格贵,成本较高。因此,了解有机溶剂的纯化方法十分必要。有机溶剂的纯化是有机合成工作的一项基本技能,这里介绍市售溶剂在实验室条件下的纯化方法。

1. 丙酮

普通丙酮常含有少量水($\leqslant 0.3\%$)及甲醇($\leqslant 0.3\%$)、乙醛($\leqslant 0.002\%$)等还原性杂质。其纯化方法如下。

(1) 于 250 mL 丙酮中加入 1 g 高锰酸钾回流,若高锰酸钾紫色很快消失,再加入少量高锰酸钾继续回流,至紫色不褪去为止。然后将丙酮蒸出,用无水碳酸钾或无水硫酸钙干燥,过滤后蒸馏,收集 55～56.5 ℃ 的馏分。由于现在试剂纯度高,还原性物质比较少,可适当少加高锰酸钾。

(2) 将 100 mL 丙酮装入分液漏斗中,先加入 4 mL 10% 硝酸银溶液,再加入 3.6 mL 1 mol·L^{-1} 氢氧化钠溶液,振摇 10 min,分出丙酮层,再加入无水硫酸钾或无水硫酸钙进行干燥。最后蒸馏收集 55～56.5 ℃ 馏分。此法比(1)要快,但硝酸银较贵,只宜做小量纯化。

2. 四氢呋喃

四氢呋喃与水能混溶,并常含有少量水分及过氧化物。若要制得无水四氢呋喃,可用氢化铝锂或氢化钙在隔绝水蒸气下回流(通常 1000 mL 需 2～4 g 氢化铝锂)除去其中的水和过氧化物,然后蒸馏,收集 66～67 ℃ 的馏分。蒸馏时不要蒸干。精制后的溶剂加入钠丝或活化过的 4A 分子筛在氮气中保存。

四氢呋喃也可用钠丝或切成小块的钠片在二苯甲酮存在下隔绝水蒸气进行回流,待溶液变成天蓝色后,隔绝水蒸气蒸出,加入钠丝或活化过的 4A 分子筛在氮气中保存。

处理四氢呋喃时,应先用小量进行实验,在确定其中只有少量水和过氧化物,作用不至于过于激烈时,方可进行纯化。四氢呋喃中的过氧化物可用酸化的碘化钾溶液来检验。如过氧化物较多,应另行处理为宜。

3. 二氧六环

二氧六环能与水以任意比例混合,常含有少量二乙醇缩醛与水,久置的二氧六环可能含有过氧化物(鉴定和除去参阅乙醚)。二氧六环的纯化方法,在 500 mL 二氧六环中加入 8 mL 浓盐酸和 50 mL 水,回流 6～10 h,在回流过程中,慢慢通入氮气以除去生成的乙醛。冷却后,加入固体氢氧化钾,直到不能再溶解为止,分去水层,再用固体氢氧化钾干燥 24 h。然后过滤,在金属钠存在下加热回流 8～12 h,最后在金属钠存在下蒸馏,收集 101~102 ℃馏分。精制过的 1,4-二氧六环应当避免与空气接触。

4. 吡啶

分析纯的吡啶含有少量水分,可供一般实验用。如要制得无水吡啶,可将吡啶与氢氧化钾(钠)颗粒一同回流 2~3 h,然后隔绝水蒸气蒸馏,收集 115~116 ℃馏分。干燥的吡啶吸水性很强,保存时应将容器口用石蜡封好。

三乙胺也可按此法进行除水处理。

5. 石油醚

石油醚为轻质石油产品,是相对分子质量较小的烷烃混合物。其沸程为 30~150 ℃,收集的温度区间一般为 30 ℃左右。有 30~60 ℃、60~90 ℃、90~120 ℃等沸程规格的石油醚。实验室常用 30~60 ℃、60~90 ℃的石油醚。石油醚含有少量不饱和烃,沸点与烷烃相近,用蒸馏法无法分离。

石油醚的精制通常是将石油醚用等体积的浓硫酸洗涤 2~3 次,再用 10％硫酸加入高锰酸钾配成的饱和溶液洗涤,直至水层中的紫色不再褪色为止。然后再用水洗,经无水氯化钙干燥后蒸馏。若需绝对干燥的石油醚,可加入钠丝(与纯化无水乙醚相同)。

6. 甲醇

普通未精制的甲醇含有 0.02％丙酮和 0.1％水,而工业甲醇中这些杂质的含量达 0.5％~1％。为了制得纯度达 99.9％以上的甲醇,可将甲醇用分馏柱分馏。收集 64~65.5 ℃的馏分,再用镁除水(与制备无水乙醇相同)。甲醇有毒,处理时应防止吸入其蒸气。

7. 乙酸乙酯

乙酸乙酯一般含量为 95％~98％,含有少量水、乙醇和乙酸。可用下法纯化:于 1000 mL 乙酸乙酯中加入 100 mL 乙酸酐,10 滴浓硫酸,加热回流 4 h,除去乙醇和水等杂质,然后进行分馏。馏液用 20~30 g 无水碳酸钾振荡,再蒸馏。产物沸点为 77 ℃,纯度可达 99％以上。

8. 乙醚

普通乙醚常含有少量乙醇(≤0.3％)和水(≤0.2％)。久藏的乙醚常含有少量过氧化物。过氧化物的检验和去除:在干净的试管中加入 2~3 滴浓硫酸,1 mL 2％碘化钾溶液(若碘化钾溶液已被空气氧化,可用稀亚硫酸钠溶液处理直至黄色消失)和 1~2 滴淀粉溶液,混合均匀后加入乙醚,出现蓝色即表示有过氧化物存在。除去过氧化物可用新配制的硫酸亚铁稀溶液(配制方法是 60 g 硫酸亚铁,100 mL 水和 6 mL 浓硫酸)。将 100 mL 乙醚和 10 mL 新配制的硫酸亚铁溶液放在分液漏斗中洗数次,至无过氧化物为止。

醇和水的检验和除去:乙醚中放入少许高锰酸钾粉末和一粒氢氧化钠。放置后,氢氧化钠表面附有棕色树脂,即证明有醇存在。水的存在用无水硫酸铜检验。先用无水氯化钙除去大部分水,再经金属钠干燥。其方法如下:将 100 mL 乙醚放在干燥的锥形瓶中,加入 20~25 g 无水氯化钙,瓶口用软木塞塞紧,放置一天以上,并间断摇动,然后蒸馏,收集 33~37 ℃的馏分。用压钠机将 1 g 金属钠直接压成钠丝放于盛乙醚的瓶中,用带有氯化钙干燥管的软木塞塞住。或在软木塞中插一末端拉成毛细管的玻璃管,这样,既可防止水蒸气进入,又可使产生的气体逸出。放置至无气泡发生即可使用;放置后,若钠丝表面已变黄变粗,须再蒸一次,然后再压入钠丝。

水和醇含量均较少的乙醚可以直接用氢化锂铝隔绝水蒸气下回流,蒸出使用。氢化铝锂的强还原性可以除去少量的过氧化物,少量的醇和水都可以通过和氢化铝锂反应而除去。

9. 乙醇

目前市场上分析纯乙醇的含量在 99% 以上,含水量少于 0.3%,能满足很多实验的需要。如果要制备含水量更少的乙醇,可以采用如下方法:

(1) 在 100 mL 99% 乙醇中,加入 7 g 金属钠,待反应完毕,再加入 27.5 g 邻苯二甲酸二乙酯或 25 g 草酸二乙酯,回流 2~3 h,然后进行蒸馏,收集 78~79 ℃馏分。金属钠虽能与乙醇中的水作用产生氢气和氢氧化钠,但所生成的氢氧化钠又与乙醇发生平衡反应,因此单独使用金属钠不能完全除去乙醇中的水,须加入过量的高沸点酯,如邻苯二甲酸二乙酯与生成的氢氧化钠作用,抑制上述反应,从而达到进一步脱水的目的。

(2) 在 60 mL 99% 乙醇中,加入 5 g 镁粉。加热到回流,停止加热。待溶液停止沸腾后,加入 0.5 g 碘,不要摇动,反应引发,待镁溶解生成醇镁后,再加入 900 mL 99% 乙醇,回流 5 h 后,蒸馏,可得到 99.9% 的乙醇。由于乙醇具有非常强的吸湿性,所以在操作时,动作要迅速,尽量减少转移次数以防止空气中的水分进入,同时所用仪器必须事先干燥好。

10. 二甲基亚砜(DMSO)

二甲基亚砜能与水混合,可用分子筛长期放置加以干燥,然后减压蒸馏,收集 76 ℃/1.6 kPa(12 mmHg)馏分。蒸馏时,温度不可高于 90 ℃,否则会发生歧化反应生成二甲基砜和二甲基硫醚。也可用氧化钙、氢化钙、氧化钡或无水硫酸钡来干燥,然后减压蒸馏。二甲基亚砜与某些物质混合时可能发生爆炸,例如氢化钠、高碘酸或高氯酸镁等,应予以注意。

11. N,N-二甲基甲酰胺(DMF)

DMF 与多数有机溶剂和水可任意混合,对有机和无机化合物的溶解性能较好。N,N-二甲基甲酰胺含有少量水分。常压蒸馏时部分分解,产生二甲胺和一氧化碳。在有酸或碱存在时,分解加快。所以加入固体氢氧化钾(钠)在室温放置数小时后,即有部分分解。因此,常用硫酸钙、硫酸镁、氧化钡、硅胶或分子筛干燥,然后减压蒸馏,收集 76 ℃/4800 Pa(36 mmHg)的馏分。其中如含水较多时,可加入其 1/10 体积的苯,在常压及 80 ℃以下蒸去水和苯,然后再用无水硫酸镁或氧化钡干燥,最后进行减压蒸馏。含水量少的 DMF 可直接减压蒸馏,由于水沸点低,除去适当的前馏分即可,或者加适量氢化钙室温搅拌 5 h 后,取清液减压蒸馏。由于 DMF 吸湿性强,重蒸后加分子筛、避光储存。N,N-二甲基甲酰胺中如有游离胺存在,可用 2,4-二硝基氟苯反应产生颜色来检查。

12. 二氯甲烷

目前分析纯的二氯甲烷纯度都在 99.5% 以上,含水量低于 0.05%。一般都能直接作为萃取剂。如需纯化,可用无水氯化钙干燥,蒸馏收集 40~41 ℃的馏分,保存在棕色瓶中。

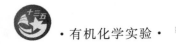

13. 氯仿

氯仿在日光下易氧化成氯气、氯化氢和光气(剧毒),故氯仿应储存于棕色瓶中。市场上供应的氯仿含 0.3%~1% 的乙醇,用作稳定剂,以消除产生的光气。氯仿中乙醇的检验可用碘仿反应;游离氯化氢的检验可用硝酸银的醇溶液。

除去乙醇可将氯仿用其二分之一体积的水振摇数次分离下层的氯仿,用氯化钙干燥 24 h,然后蒸馏收集 61.7 ℃ 的馏分。

另一种纯化方法:将氯仿与少量浓硫酸一起振动两三次。每 200 mL 氯仿用 10 mL 浓硫酸,分去酸层后的氯仿用水洗涤,干燥,然后蒸馏。

除去乙醇后的无水氯仿应保存在棕色瓶中并避光存放,以免光化作用产生光气。

14. 二硫化碳

二硫化碳为有毒化合物,能使血液神经组织中毒;具有高度的挥发性和易燃性,因此,使用时应避免与其蒸气接触。

对二硫化碳纯度要求不高的实验,在二硫化碳中加入少量无水氯化钙干燥数小时,在水浴 55~65 ℃ 下加热蒸馏、收集。如需要制备较纯的二硫化碳,在试剂级的二硫化碳中加入 0.5% 高锰酸钾水溶液洗涤三次。除去硫化氢再用汞不断振荡以除去硫。最后用 2.5% 硫酸汞溶液洗涤,除去所有的硫化氢(洗至没有恶臭为止),再经氯化钙干燥,蒸馏收集 46 ℃ 馏分。

15. 苯

普通苯常含有少量水和噻吩,噻吩沸点为 84 ℃,与苯接近,不能用蒸馏的方法除去。

噻吩的检验:取 1 mL 苯加入 2 mL 溶有 2 mg 吲哚醌的浓硫酸,振荡片刻,若酸层显蓝绿色,即表示有噻吩存在。

噻吩和水的去除:将苯装入分液漏斗中,加入相当于苯体积 1/7 的浓硫酸,振摇使噻吩磺化,弃去酸液,再加入新的浓硫酸,重复操作几次,直到酸层呈现无色或淡黄色并检验无噻吩为止。将上述无噻吩的苯依次用 10% 碳酸钠溶液和水洗至中性,再用氯化钙干燥,进行蒸馏,收集 80 ℃ 的馏分,最后用金属钠脱去微量的水得无水苯。

附录 I 常见干燥剂的性能与应用范围

▶▶ ▶

附表 I-1 常见干燥剂的性能与应用范围

干燥剂	吸水产物	吸水容量	干燥性能	干燥速度	应用范围
五氧化二磷	H_3PO_4	—	强	快	醚、烃、卤代烃、腈中痕量水分，不适用于醇、酸、胺、酮
金属钠	$NaOH+H_2$	—	强	快	醚、烃中的痕量水分，切成小块或压成钠丝使用
分子筛	物理吸附	约 0.25	强	快	适用于各种有机化合物的干燥
硫酸钙	$2CaSO_4 \cdot H_2O$	0.06	强	快	中性，常与硫酸镁配合，作为最后干燥之用
氯化钙	$CaCl_2 \cdot nH_2O$ $n=1,2,4,6$	0.97(按 $CaCl_2 \cdot 6H_2O$ 算)	中等	较快，但吸水后表面被薄层液体覆盖，故放置时间长些为好	能与醇、酚、胺、某些醛、酮形成配合物，因此不能用于这些化合物的干燥。其工业品中可能含有氢氧化钙和碱式氧化钙，故不能用于干燥酸类
氢氧化钾(钠)	溶于水	—	中等	快	用于胺及碱性杂环化合物的干燥，不能用于醇、醛、酮、酯、酸、酚的干燥
碳酸钾	$K_2CO_3 \cdot 0.5H_2O$	0.2	较弱	慢	弱碱性，用于醇、酮、酯、胺及碱性杂环化合物的干燥，不适用于酸、酚及其他酸性化合物
硫酸镁	$MgSO_4 \cdot nH_2O$ $n=1,2,4,5,6,7$	1.05(按 $MgSO_4 \cdot 7H_2O$ 算)	较弱	较快	中性，可用于替代氯化钙，也可用于酯、醛、酮、腈、酰胺等不能用氯化钙干燥的化合物
硫化钠	$Na_2SO_4 \cdot 10H_2O$	1.25	弱	缓慢	中性，用于有机化合物的初步干燥

（厉廷有）

参 考 文 献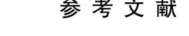

［1］ 林辉.有机化学实验［M］.4 版.北京:中国中医药出版社,2016.

［2］ 吉卯祉,黄家卫,胡冬华.有机化学实验［M］.4 版.北京:科学出版社,2016.

［3］ 衷友泉,万屏南.中医药基础化学实验［M］.3 版.北京:中国协和医科大学出版社,2017.

［4］ 赵骏,杨武德.有机化学实验［M］.2 版.北京:中国医药科技出版社,2018.

［5］ 赵建庄,陈洪.有机化学实验［M］.3 版.北京:高等教育出版社,2017.

［6］ 王福来.有机化学实验［M］.武汉:武汉大学出版社,2001.

［7］ 朱卫国,罗虹.有机化学实验［M］.湘潭:湘潭大学出版社,2010.

［8］ 关枫.中药有效成分提取分离 300 例［M］.北京:人民卫生出版社,2016.

［9］ 王立,侯世祥,胡平,等.牡丹皮药材的最适提取工艺研究［J］.中国中药杂志,2005,30(8):569-571.

［10］ 赵强,覃杰,王静宇,等.枸杞多糖提取工艺研究进展［J］.中国林副特产,2018 (2):78-80.

［11］ 李华侃,于秋泓.医用化学实验［M］.2 版.北京:科学出版社,2017.